序
你不可不知的企業選人新趨勢

沒有人會告訴你就業市場非常艱難。所以,當你獲得一次面試機會時,你就要表現出眾。為了成功挑選最合適企業發展的員工,如今的面試官絕對不會讓應徵者那麼輕易過關。所以,各種新的面試考題也就了出來。

當中的一些最瘋狂的工作面試問題,例如:

1. 請向我推銷一個隱形的鋼筆。
2. 你的乒乓球策略是什麼?
3. 你在爬樓梯。每次你可以邁一級或兩級台階。一共有n級台階。你有多少種不同的爬上樓的方式呢?
4. 你估計天空中有多少架飛機?
5. 你將如何在1750年,那個沒有人知道衛星,運行軌道等事情的時候推銷望遠鏡呢?
6. 如果你走進一家賣酒的商店去清點未賣出的瓶數,而職員在旁邊尖叫著讓你離開,你會怎麼做?
7. 能被225整除的由所有的1和0組成的數字是什麼?
8. 如果我們玩俄羅斯輪盤賭並且有一粒子彈,我隨意的轉動轉輪並開槍,什麼也沒有。輪到你的時候,你是會再開一槍,還是會重新轉動轉輪再開槍呢?

為了讓你提前準備好,本書精選過100條有趣的和嚴肅的題目,情商和智商的雙重考驗,以及如何巧妙的回答面試中的常見難題,幫你一take過關,成功獲聘。

目錄

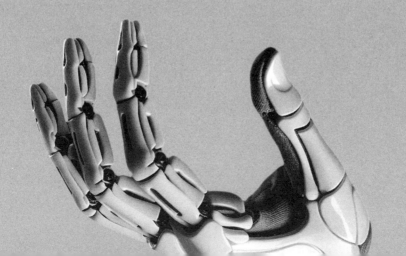

CHAPTER ONE | 全球最頂尖企業 面試題目精選

1. 美國「W字頭」零售企業題：
如何問問題？ (How to ask questions)

有甲、乙兩人，其中，甲只說假話，而不說真話；乙則是只說真話，不說假話。但是，他們兩個人在回答別人的問題時，只通過點頭與搖頭來表示，不講話。

有一天，一個人面對兩條路：

A與B，其中一條路是通向城市的，而另一條路是通向一個小村莊的。這時，他面前站著甲與乙兩人，但他不知道此人是甲還是乙，也不知道「點頭」是表示「是」還是表示「否」。

現在，他必須問一個問題，才可能斷定出哪條路通向城市。那麼，這個問題應該怎樣問？

2. 荷蘭「殼牌」石油公司題：
分金條 (Gold bars)

你讓工人為你工作七天，給工人的報酬是一根金條。金條是七段平分且相連的一整條，必須在每天結束時給他們一段金條，但如果你只能切斷金條兩次，你如何給工人付費，才能保證每天付給工人的報酬是一樣的呢？

3. 日本「T記」汽車集團題：
帽子問題 (Hat problem)

一群人開舞會，每人頭上都戴著一頂帽子。帽子只有黑、白兩種，黑的至少有一頂。每個人都能看到其他人帽子的顏色，卻看不到自己的。主持人先讓大家看看別人頭上戴的是什麼帽子，然後關燈，如果有人認為自己戴的是黑帽子，就打自己一個耳光。第一次關燈，沒有聲音。於是再開燈，大家再看一遍，關燈時仍然鴉雀無聲。一直到第三次關燈，才有劈劈啪啪打耳光的聲音響起。問有多少人戴著黑帽子？

1. 如何問問題？

這個人只要站在A與B任何一條路上，然後，對著其中的一個人問：「如果我問他（甲、乙中的另外一個人）這條路通不通向城市，他會怎麼回答？」如果甲與乙兩個人都搖頭的話，就往這條路向前走去，如果都點頭，就往另外一條走去。

2. 分金條

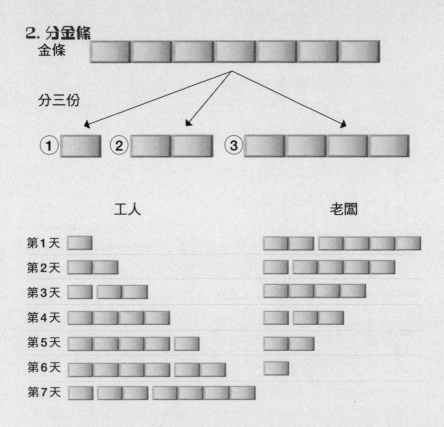

既然每天要給工人的報酬是要一樣的，一共7天，那麼每天的報酬就是金條的1/7，對半切，再對半切，最多也只有4等分，所以均分切是不可行的

將一個等分的7段金條，兩次分為三份，第一份為一段，第二份為兩段，第三份為四段，分別編上序號1、2、3。

利用這三份的數量關係，給工人進行每天的工資分配。

第一天，把1發給工人，此時我擁有2、3

第二天，把2發給工人，收回1，此時我擁有1、3

第三天，再把1發給工人，此時我擁有3

第四天，把3發給工人，收回1、2，此時我擁有1、2

第五天，再把1發給工人，我擁有2

第六天，再把2發給工人，收回1，此時我擁有1

第七天，把1發給工人，此時金條全部發給工人

第五天，再把1發給工人，我擁有2

第六天，再把2發給工人，收回1，此時我擁有1

第七天，把1發給工人，此時金條全部發給工人第五天，再把1發給工人，我擁有2

第六天，再把2發給工人，收回1，此時我擁有1

第七天，把1發給工人，此時金條全部發給工人

3. 帽子問題

假如只有一個人戴黑帽子，那他看到所有人都戴白帽，在第一次關燈時就應自打耳光，所以應該不止一個人戴黑帽子；如果有兩頂黑帽子，第一次兩人都只看到對方頭上的黑帽子，不敢確定自己的顏色，但到第二次關燈，這兩人應該明白，如果自己戴著白帽，那對方早在上一次就應打耳光了，因此自己戴的也是黑帽子，於是也會有耳光聲響起；可事實是第三次才響起了耳光聲，說明全場不止兩頂黑帽，依此類推，應該是關了幾次燈，有幾頂黑帽。

4. 法國「巴記」銀行集團題： 猴子的主意 (Monkey's idea)

兩隻小兔子到森林裡去撿蘑菇，他們很快就撿了一大堆蘑菇。但在分蘑菇的時候，兩隻小兔子爭吵了起來，因為他倆都不想少要。最後，他們找到了森林中最聰明的老猴子，讓他來處理這個問題。於是，老猴子給它們出了奇特的主意，它們拿著自己的蘑菇，高高興興地回去了。你知道老猴子給他們出的是什麼主意嗎？

5. 德國「V字頭」汽車集團題： 出錯的程序操控 (Program manipulation)

甲是一個專門研究機器程序操控的專家，前不久，他剛發明了一個可以在簡單程序操控下穿過馬路（不是單行線）的機器人Exruel，一日，他命令Exruel去馬路對面，並給他輸入了「25m內是否有車輛」以防Exruel能安全過馬路。可誰知，Exruel在穿越馬路過程中竟花了將近6個小時，這時，甲才意識到他在給Exruel輸入程序時犯了一個嚴重的錯誤。
請問：甲究竟是哪裡出錯了呢？

6. 美國「雙交叉」石油公司題： 過橋問題 (Bridge problem)

小明一家過一座橋，過橋時是黑夜，所以必須有燈。現在小明過橋要1秒，小明的弟弟要3秒，小明的爸爸要6秒，小明的媽媽要8秒，小明的爺爺要12秒。每次此橋最多可過兩人，而過橋的速度依過橋最慢者而定，而且燈在點燃後30秒就會熄滅。問：小明一家如何過橋？

7. 美國「A字頭」科技公司題：
服藥問題 (Medication problem)

某種藥方要求非常嚴格，你每天需要同時服用A、B兩種藥片各一顆，不能多也不能少。這種藥非常貴，你不希望有任何一點的浪費。一天，你打開裝藥片A的藥瓶，倒出一粒藥片放在手心；然後打開另一個藥瓶，但不小心倒出了兩粒藥片。現在，你手心上有一顆藥片A，兩顆藥片B，並且你無法區別哪個是A，哪個是B。你如何才能嚴格遵循藥方服用藥片，並且不能有任何的浪費？

8. 韓國「S字頭」科技公司題：
無名女屍 (Unknown female corpse)

在一個荒無人煙的大沙漠上，看到一個女子的屍體，可以這個女子是從高處墜落而死，但是沙漠的四周並沒有什麼建築物，在女死者的手裡握有半截火柴，大家知道這個女子是怎麼死的嗎？

9. 美國「M字頭」藥業集團題：
三盞燈 (Three lights)

在房裡有三盞燈，房外有三個開關，在房外看不見房內的情況，你只能進門一次，你用什麼方法來區分那個開關控制那一盞燈？

10. 美國「聯記」健康集團題：
罐子和水 (Jar and water)

你有不限量的水，還有兩個罐子，容量分別是5升和3升。請精確的稱量出4升水！

4. 猴子的主意

老猴子給他們出的主意是：兔子A先將蘑菇平均分成兩份，然後由兔子B在兩分中挑走其中的一份，剩下的一份就是屬於兔子A的。因為蘑菇是由兔子A分的，所以在他的眼中，這兩份當然是一樣多的。兔子B在兩份中挑選的時候，當然會挑走他認為比較大的一份。這樣，兩個兔子便都滿意了

5. 出錯的程序操控

「25m內是否有車輛」這一個指令，若是車輛沒有行駛卻在Exruel 前方停放，這就會使Exruel望而卻步了，所以把程序改為「25m內是否有正在行駛的車輛」即可。

下達指令時必需要準確到位，若是接受和執行的人工作進度緩慢，那就好好反思的指令是否清晰。

6. 過橋問題

1、小明與弟弟過橋——3秒；

2、小明回——1秒；

3、媽媽與爺爺過橋——12秒；

4、弟弟回——3秒；

5、小明與爸爸過橋——6秒；

6、小明回——1秒；

7、小明與弟弟過橋——3秒。

總計：29秒。

5與7可以調換順序，總時間不變。

7. 服藥問題

把手上的三片藥各自切成兩半，分成兩堆擺放。再取出一粒藥片A，也把它切成兩半，然後在每一堆裡加上半片的A。現在，每一堆藥片恰好包含兩個半片的A和兩個半片的B。一天服用其中一堆即可。

8. 無名女屍

有一隊人坐著熱氣球去飛躍大沙漠，熱氣球還沒有飛躍沙漠，大家發現燃料不夠，必須得氣球上的重量減輕，起先人人都往下面扔行李和箱子，後來扔衣服，發現還是不行，必須得下去一個人，可是大家都不願意下去。於是就抽簽，在熱氣球上只有火柴，於是把火柴盒裡的火柴其中一根折斷，其餘的不動，半打開火柴盒，大家都看不到半截的火柴，然後每個人抽一根，這個女子不幸抽到了那半截火柴。

9. 三盞燈

答案：先開一盞燈，過一會再開第二盞燈，然後立即進去摸亮著的兩盞燈，熱的那一盞燈就是第一個開關控制，亮著的另一盞燈由第二個開關控制，第三盞燈由最後開關控制。

10. 罐子和水

先把5升的罐子裝滿，然後用罐子裡的水來倒滿3升的罐子，此時5升罐子中還剩5-3=2升水；倒掉3升罐子裡的水，然後把5升罐子裡剩下的2升水倒入3升罐子，再次把5升罐子裝滿水，並用它往3升罐子倒水，由於把3升罐子裝滿還需要1升水，因此5升罐子裡的水量最終變成了5-1=4升水。

11. 德國「D字頭」汽車集團題：
鎖子問題 (Lock problem)

A、B兩人分別在兩座島上。B生病了，A有B所需要的藥。C有一艘小船和一個可以上鎖的箱子。C願意在A和B之間運東西，但東西只能放在箱子裡。只要箱子沒被上鎖，C都會偷走箱子裡的東西，不管箱子裡有什麼。如果A和B各自有一把鎖和只能開自己那把鎖的鑰匙，A應該如何把東西安全遞交給B？

12. 美國「A字頭」電子商務企業題：
熊的顏色 (Bear color)

你建造了一座房子，每面都朝南。突然，你發現一隻熊。牠是什麼顏色？

13. 美國「A字頭」電話電報公司題：
巴士座位 (Bus seat)

有一輛巴士總是在一個固定的路線上行駛，除去起點站和終點站外，中途有8個停車站，如果這輛巴士從起點站開始接載乘客，不計終點站，每一站上車的乘客中恰好又有一位乘客從這一站到以後的每一站下車。如果你是巴士車長，為了確保每個乘客都有座位，你至少要安排多少個座位？

14. 美國「G字頭」汽車公司題：
薪水難題 (Salary problem)

有兩個人在一家工地做工，由於一個是學徒，一個是技工，所以他們的薪水是不一樣的。技工的薪水比學徒的薪水多20美元，但兩人的薪水之差是21美元。你覺得他倆的薪水各是多少？

15. 美國「F字頭」汽車公司題：
走哪條路？(Which way to go?)

有一個外地人路過一個小鎮，此時天色已晚，於是他便去投宿。當他來到一個十字路口時，他知道肯定有一條路是通向賓館的，可是路口卻沒有任何標記，只有三個小木牌。第一個木牌上寫著：這條路上有賓館。第二個木牌上寫著：這條路上沒有賓館。第三個木牌上寫著：那兩個木牌有一個寫的是事實，另一個是假的。相信我，我的話不會有錯。假設你是這個投宿的人，按照第三個木牌的話為依據，你覺得你會找到賓館嗎？如果可以，那條路上有賓館哪條路上有賓館？

16. 法國「A字頭」保險公司題：
今天星期幾？(What day is it today?)

有一富翁，為了確保自己的人身安全，僱了雙胞胎兄弟兩個做保鏢。兄弟兩個確實盡職盡責，為了保證主人的安全，他們做出如下行事準則：

a. 每周一、二、三：哥哥説謊
b. 每逢四、五、六：弟弟説謊
c. 其他時間：兩人都説真話

一天，富翁的一個朋友急著找富翁，該名朋友知道要想找到富翁只能問兄弟倆，並且他也知道兄弟倆個的做事準則，但不知道誰是哥哥，誰是弟弟。另外，如果要知道答案，就必須知道今天是星期幾。

於是富翁的朋友便問其中的一個人：「昨天是誰説謊的日子？」

結果兄弟二人都説：「是我説謊的日子。」

你能猜出今天是星期幾嗎？

11. 鎖子問題

答案：A把藥放進箱子，用自己的鎖把箱子鎖上。B拿到箱子後，再在箱子上加一把自己的鎖。箱子運回A後，A取下自己的鎖。箱子再運到B手中時，B取下自己的鎖，獲得藥物。

12. 熊的顏色

白色。因為只有在北極，才可能所有的牆都朝南

13. 巴士座位

由題意可知，這輛巴士從起始站到終點站一共有10個站，在這裡用「1站」至「10站」表示。那麼起點站（1站）應該至少上來9個人，才能保證以後的每一站都有人下車；2站應該下1人，上8人；後面的依次類推。

站數	1	2	3	4	5	6	7	8	9	10
上車人數	9	8	7	6	5	4	3	2	1	0
下車人數	0	1	2	3	4	5	6	7	8	9
車上人數	9	16	21	24	25	24	21	16	9	0

那麼這輛巴士最少要有25個座位。

14. 薪水難題

假設技工和學徒的比較標準是以1美元為準的。那麼技工的薪水是20美元50美分，學徒的薪水是50美分。與1美元相比，技工的薪水就是正值，學徒的就是負值，二者之差就是21美元，而從實際來講技工的薪水比學徒的高20美元。

15. 走哪條路？

假設第一個木牌是正確的，那麼第一個小木牌所在的路上就有賓館，第二條路上就沒有賓館，第二句話就該是真的，結果就有兩句真話了；假設第二句話是正確的，那麼第一句話就是假的，第一二條路上都沒有賓館，所以走第三條路，並且符合第三句所說，第一句是錯誤的，第二句是正確的。

16. 今天星期幾？

首先分析，兄弟兩個必定有一個人說真話，其次，如果兩個人都說真話，那麼今天就是星期日，但這是不可能的，因為如果是星期日，那麼兩個人都說真話，哥哥就說謊了。

假設哥哥說了真話，那麼今天一定就是星期四，因為如果是星期四以前的任何一天，他都得在今天再撒一次謊，如果今天星期三，那麼昨天就是星期二，他昨天確實撒謊了，但今天也撒謊了，與假設不符，所以不可能是星期一、二、三。由此類推，今天也不會是星期五以後的日子，也不是星期日。

假設弟弟說了真話，弟弟是四五六說謊，那麼先假設今天是星期一，昨天就是星期日，他說謊，與題設矛盾；今天星期二，昨天就是星期一，不合題意；用同樣的方法可以去掉星期三的可能性。如果今天星期四，那麼他今天就該撒謊了，他說昨天他撒謊，這是真話，符合題意。假設今天星期五，他原本應該撒謊但他卻說真話，由"昨天我撒謊了"就知道不存在星期五、六、日的情況，綜上所述，兩個結論都是星期四，所以今天星期四。

17. 法國「道記」石油公司題：
過橋問題 (Bridge problem)

星期天，洛洛全家人出去遊玩，由於玩的太高興了，忘記了時間，他們慌慌張張來到一條小河邊，河上有座橋，一次只允許兩個人通過。如果他們一個一個過橋的話，洛洛需要15秒，妹妹要20秒，爸爸要8秒，媽媽要10秒，奶奶要23秒。如果兩個一塊過橋的話，只能按著走路慢的人的速度來走。過橋後還要走2分鐘的路。洛洛一家人急著到對面去趕最後一班的巴士。他們只有3分鐘的時間，問小明一家能否趕上巴士？他們該怎樣過橋？過橋用了多長時間？

18. 美國「C字頭」能源公司題：
青蛙跳井 (Frog jumping)

有一口深4米的井，井壁非常光滑。井底有隻青蛙總是往井外跳，但是，這只青蛙每次最多能跳3米，你覺得這隻青蛙幾次能跳到井外去嗎？為什麼？

19. 美國「雙交叉」石油公司題：
天會黑嗎？ (Will it be dark?)

6點放學，雨還在下，珍妮為了考考瑪莉，便對青青説：「瑪莉，雨已經下了三天了，看樣子不打算停了，你覺得40小時後天會黑嗎？」

20. 美國「G字頭」電氣公司題：
誰出差了 (Who is on a business trip?)

公司要在代號為甲、乙、丙、丁、戊、己中選拔人出差，人選的配備要求，必須注意下列各點：

（1）甲、乙兩人至少去一個人；

（2）甲、丁不能一起去；

（3）甲、戊、己三人中要派兩人去；

（4）乙、丙兩人中去一人；

（5）丙、丁兩人中去一人；

（6）若丁不去，則戊也不去。

那麼哪些人出差了？

A. 甲、乙、丙、己

B. 甲、乙、己

C. 乙、丙、丁、戊

D. 乙、丙、戊

21. 法國「巴記」銀行集團題：
海盜分贓物 (Pirates)

有一天，有5個很精明的海盜搶到100個金幣，他們決定依次由A、B、C、D、E五個海盜來分。

當由A分時，剩下的海盜表決，如果B、C、D、E四人之中，有一半以上反對就把A扔下海，再由B分……以此類推；如果一半及以上的人同意，就按A的分法。

請問A要依次分給B、C、D、E多少，才能不被扔下海，並讓自己拿到最多？

17. 過橋問題

第一步：在這裡奶奶走的最慢，其次是妹妹，然後是洛洛、媽媽、爸爸，所以因該讓走的最慢和次慢的同時過橋，也就是先讓奶奶和妹妹過橋，所用時間以奶奶為准，即23秒；

第二步：這一次同樣讓走路最慢和次慢的同時過，即洛洛和媽媽過橋，所用時間以洛洛為准，即15秒；

第三步：這一次爸爸一個人過，所用時間是8秒。此時他們一家過橋一共用了46秒；

第四步：過完橋他們還要走兩分鐘的路，走完路需要時間是兩分鐘46秒，此時離三分鐘還有14秒，所以他們趕的上巴士。過橋順序是奶奶和妹妹，洛洛和媽媽，爸爸，過橋用了46秒。

18. 青蛙跳井

此題易混淆人的做題思路。多數人認為青蛙一次跳3m，兩次就可以跳6米，超過了井的深度，兩次就可以跳出井。這是錯誤的。因為題中說「井壁非常光滑」，說明青蛙在跳到3米高度時，會因為觸到井壁而重新落回井底，所以無論這只青蛙跳多少次，它都跳不到井外去，除非它一次跳的高度超過井的深度。

19. 天會黑嗎？

因為40小時已經超過了一天一夜的時間，但沒有超過48小時，所以用48去掉一天的時間24小時，剩餘16小時，在下午六點的基礎上再加上16個小時，六點到夜裡12點只需6個小時，所以剩餘的10個小時是第二天的時間，即是第二天的上午10點，此時明顯天是亮的，所以那時天不會黑。

20. 誰出差了

B。由條件3可以排除C、D，由條件4排除A，因此答案為B，可以代入題中驗證，符合條件。

21. 海盜分贓物

推理過程是這樣的：

從後向前推，如果1至3號強盜都餵了鯊魚，只剩4號和5號的話，5號一定投反對票讓4號喂鯊魚，以獨吞全部金幣。所以，4號惟有支持3號才能保命。

3號知道這一點，就會提出「100，0，0」的分配方案，因為他知道4號就算一無所獲但還是會投贊成票，再加上自己一票，他的方案即可通過。

不過，2號推知3號的方案，就會提出「98，0，1，1」的方案，即放棄3號，而給予4號和5號各一枚金幣。此方案對於4號和5號來説，比3號的分配更為有利，自然會支持2號方案。這樣，2號將拿走98枚金幣。

同樣，2號的方案也會被1號所洞悉，1號並將提出「97，0，1，2，0」或「97，0，1，0，2」的方案，即放棄2號，而給3號一枚金幣，同時給4號（或5號）2枚金幣。

由於1號的這一方案對於3號和4號（或5號）來説，相比2號分配時更優，他們將投1號的贊成票，再加上1號自己的票，1號的方案可獲通過，97枚金幣可輕鬆落入囊中！

所以答案是：「97，0，1，2，0」或「97，0，1，0，2」
1號看起來最有可能喂鯊魚，但他牢牢地把握住先發優勢，結果不但消除了死亡威脅，還收益最大。而5號，看起來最安全，沒有死亡的威脅，甚至還能坐收漁人之利，卻因要看別人臉色行事而只能分得一小杯羹。

不過以上都是「極度理想情況下」才會有的結果，現實世界遠比複雜。

首先，現實中肯定不會是人人都「絕對理性」。回到題目的情況，只要3號、4號或5號中有一個人偏離了絕對聰明的假設，海盜1號無論怎麼分都可能會被扔到海裡去。

所以，1號首先要考慮的就是他的海盜兄弟們的聰明和理性究竟靠得住靠不住，否則先分者倒霉。
通常現實中人人都有自認的公平標準，一旦1號所提方案和其所想的不符，就會有人大吵大鬧，甚至感情用事來個一拍兩散。

更可怕的是其他四人形成一個反1號的大聯盟並制定出新規則：四人平分金幣，將1號扔進大海類似等等方案。這就是窮人平均財富，將富人丟進海裡的仇富機會平均理念。

現實中你有想到實際例子嗎？

22. 美國「J字頭」銀行集團題：
最後剩下的是誰？
(Who is the last one left?)

編號1至50號的運動員按順序排成一排，教練下令：「單數運動員出列（從隊列中向前走出幾步並立正）！」剩下的運動員重新排列編號，教練又下令：「單數運動員出列！」

a. 如此下去，最後只剩下一個人，他是幾號運動員？

b. 如果教練喊：「雙數運動員出列。」最後剩下的又是誰？

23. 英國「P字頭」保險集團題：
犯人被抓 (The prisoner was arrested)

有兩個犯人同時被抓，如二人能同時坦白，各判刑期5年；如果一人坦白，他就是1年，另一個人10年；如果兩人都不坦白，各判3年。兩個人無法溝通，他們經過掙扎考慮後，都坦白了，都獲得5年刑期。

請問：他們為什麼要這樣選擇呢？

22. 最後剩下的是誰？

分析：教練下令「單數」運動員出列時，教練只要下5次命令，就能知道剩下的那個人。此人在下第五次令之前排序為2，在下4次令之前排序為4，在下3次令之前排序為8，在下2次令之前排序為16，在下1次令之前排序為32，即32位運動員。而後者，雙數運動員出列時，我們可以得出剩下的是1號運動員。

因此：前者32號，後者1號。

23. 犯人被抓

分析：由於他們沒有辦法，他們都想：

1.（1）如果他坦白：我坦白，5年；不坦白，10年。坦白更好；

2.（2）如果他不坦白：我坦白，1年；不坦白，3年。坦白更好。

因此他們都選擇了「坦白」。

24. 德國「B字頭」汽車公司題：
如何推出自己帽子的顏色
(How to launch your own hat color)

一個牢房，裡面關有3個犯人。因為玻璃很厚，所以3個犯人只能互相看見，不能聽到對方所說的話。一天，國王命令下人給他們每個人頭上都戴了一頂帽子，告訴他們帽子的顏色只有紅色和黑色，但是不讓他們知道自己所戴的帽子是什麼顏色。在這種情況下，國王宣布兩條命令如下：

1. 哪個犯人能看到其他兩個犯人戴的都是紅帽子，就可以釋放誰；

2. 哪個犯人知道自己戴的是黑帽子，也可以釋放誰。

事實上，他們三個戴的都是黑帽子。只是他們因為被綁，看不見自己的罷了。很長時間，他們3個人只是互相盯著不說話。可是過了不久，聰明的A用推理的方法，認定自己戴的是黑帽子。您也想想，他是怎樣推斷的呢？

25. 日本「N字頭」汽車公司題：
過河 (Cross the river)

在一條河邊有獵人、狼、男人領著兩個小孩，一個女人也帶著兩個小孩。條件為：

如果獵人離開的話，狼就會把所有的人都吃掉，如果男人離開的話，女人就會把男人的兩個小孩掐死，而如果女人離開，男人則會把女人的兩個小孩掐死。

這時，河邊只有一條船，而這個船上也只能乘坐兩個人（狼也算一個人），而所有人中，只有獵人、男人、女人會划船。則問，怎樣做才能使他們全部度過這條河？

24. 如何推出自己帽子的顏色

在國王宣布過第1條命令後，過了一段時間，仍沒人被釋放。因此，可以證明3頂帽子中沒有2頂紅帽，也可以説三個人中可能有2黑1紅，或者3黑。於是出現了兩種情況：假設A戴的是紅帽，於是他就看見了2頂黑的。B和C都可以看見1黑1紅。但是既然紅的在A頭上，那麼B和C都是黑的。那麼B和C早就能確定自己帶的是黑帽。所以A不可能戴紅帽。因此A推定自己頭上戴的肯定是黑帽。因為只有出現3頂黑帽，才沒有人敢確定紅帽是否在自己頭上。聰明的你想到了嗎？

25. 過河

第一步：獵人與狼先乘船過去，放下狼，回來後再接女人的一個孩子過去。

第二步：放下孩子將狼帶回來，然後一同下船。

第三步：女人與她的另外一個孩子乘船過去，放下孩子，女人再回來接男人；

第四步：男人和女人同時過去，然後男人再放下女人，男人回來下船，獵人與狼再上去。

第五步：獵人與狼同時下船，然後，女人再上船。

第六步：女人過去接男人，男人劃過去放下女人，回去接自己的一個孩子。

第七步：男人放下自己的一個孩子，把女人帶上，劃回去，放下女人，再帶著自己的另外一個孩子。

第八步：男人再回來接女人。

26. 美國「B字頭」銀行集團題：
他們中誰的存活機率最大？ (Survival game)

一艘船上有5個囚犯，分別被編為1、2、3、4、5號，他們分別要在裝有100顆黃豆的麻袋內抓黃豆，每人至少要抓1顆，抓得最多和最少的人都將被扔下海去。他們5個人在抓豆子的時候不能説話，但在抓的時候，可以摸出剩下的豆子數。問他們中誰的存活幾率最大？

提示：

1. 他們都是很聰明的人

2. 他們先求保命，然後再考慮去多殺人

3. 100顆黃豆不需要全部都分完

4. 若出現兩人或多人有一樣的豆子，則也算最大或最小，一並丟下海去。

27. 美國「波記」航空集團題：
分辨金球和鉛球 (Distinguish problem)

有兩個大小及重量都相同的空心球，但是，這兩個球的材料是不同的，一個是金，一個是鉛。這兩個球的表面塗了一模一樣的油漆，現在要求在不破壞表面油漆的條件下用簡易方法指出哪個是金的，哪個是鉛的。你能分辨出來嗎？

26. 他們中誰的存活機率最大？

第1號犯人選擇17顆豆子時，存活幾率最大。他確實有可能
被迫死，後面的2、3、4、5號也想把他逼死，但可能性不大。
可以看一下：假如1號選擇21顆豆子，那麼1號將自己暴露在
一個非常不利的環境下。第2至4號就會選擇20，第5號就會
被迫在1至19中選擇，則1、5號處死。所以，1號不會這樣
做，他會選擇一個少於20的數。

如果1號選擇一個少於20的數，2號就不會選擇與他偏離很大
的數。因為如果偏離大，2號就會死，只會選擇「+1」或「-1」，
取決於哪個死的機會細一些。

再考慮這些的時候，必須要學會逆向思考。1號需要考慮2至
4號的選擇，2號必須考慮3和4號的選擇，而5號會沒得選擇。
用100/6=16.7（為什麼會除6？因為5號會隨機選一個數，對
1號來説要盡可能靠近中央，2至4號也是如此，而且正因為2
至4號如此，1號才如此），1號最終必然是在16、17中做選
擇，這樣的機率會很大。在分別對16、17計算概率後，得出
有3個人會選擇17，如果第四個人選擇16，則為均衡的狀態，
但是4號選擇16不及前三個人選擇17生存的機會大；若4號
也選擇17，那麼整個遊戲的人都要死（包括他自己）！因此，
只有按照17、17、17、16、N（1至33隨機）選擇時，1至3
號的生存機會最大。

27. 分辨金球和鉛球

有一樣的力度在地方對兩球進行旋轉，兩球重心到內壁中心距
離不同，速度不同，旋轉速度快的是金球。

28. 德國「西記」電子集團題：
老師的生日 (Teacher's birthday)

小明和小強都是張老師的學生，2人都不知道張老師的生日。

生日是下列10組中一天：

3月4日 3月5日 3月8日

6月4日 6月7日

9月1日 9月5日

12月1日 12月2日 12月8日

張老師把月份告訴了小明，把日子告訴了小強，

張老師問他們知道他的生日是哪一天嗎？

小明說：「如果我不知道的話，小強肯定也不知道。」

小強說：「本來我也不知道，但是現在我知道了。」

小明說：「哦，那我也知道了！」

請根據以上對話推斷出張老師生日是哪一天？

29. 美國「P字頭」國際能源公司題：
硬幣遊戲 (Coin game)

16個硬幣，A和B輪流拿走一些，每次拿走的個數只能是1，2，4中的一個數。

誰最後拿硬幣誰輸。

問：A或B有無策略保證自己贏？

28. 老師的生日

答案：答案是：9月1日。

1.小明説：「如果我不知道的話，小強肯定也不知道」。

這句話的潛台詞實際上是：「我應該猜對了，如果我猜錯的話，小強肯定不知道」。但小明還是不確定自己究竟猜對沒，需要小強來印證。M取什麼值能讓小明這麼説呢？顯然6和12不可取，如果M為6或12，N就有可能是2或7——小強憑2或7一個數字就能得知張老師的生日。則M只可能是3或9，而N只能在1、4、5、8中取值。

如果M是3，N可以取三種值，結果成了「如果小明不知道，小強有可能知道（2－4，3－8），也有可能不知道（3－5）。」，在這種情況下，小明説「如果我不知道的話，小強肯定也不知道」是不符合事實的，小明不足以如此自信的這樣説。

如果M是9，則小明就知道N只能是1或者5。此時，小明的猜測正是N=1，而N究竟是不是1，小明也不確信，如果N不是1而是5，則就出現了小明説的「如果我不知道的話，小強肯定也不知道」。至此，實際上小明已經知道了，結果只有兩種情況，只等小強來確認N是不是5。

2.小強説：「本來我也不知道，但是現在我知道了」。

小強説「本來我也不知道」，驗證了N確實不是2或者7；同時，小強也知道了「M不是6或12，M只剩下3和9可取」。若N是5，則小強應該説「本來我也不知道，現在我還是不知道」。根據第一節的推斷，N=1，所以小強才能説「本來我也不知道，但是現在我知道了」。

3.小明説：「那我也知道了」

小明就等著小強的一句話了，不管小強怎麼回答，小明都會知

道正確答案。如果小強説「我還是不知道」，那麼小明依然可
以知道「只有N=5會讓小強茫然」，因此答案是9月5日；如
果小強説「我知道了」，那麼就必然是9月1日。

29. 硬幣遊戲

誰先拿誰就輸，如果第一個人拿1個，第二個人就拿2個，如
果第一個人拿2個，第二個人就拿1個，如果第一個人拿4個，
地二個人就拿2個，只要第二個人保證於第一個人拿的球數相
加是3的倍數，就贏定了。

30. 法國「家記」百貨集團題：
砝碼 (Weight)

有7克、2克砝碼各一個，天秤一個，如何只用這些物品三次將140克的鹽分成50、90克各一份？

31. 瑞士「N」字頭食品集團題：
分乒乓球 (Table tennis)

有4949個乒乓球、100個盒。要求把這些乒乓球全部裝進100個盒中，任意兩個盒子中乒乓球的數量都不能相等。請問該如何分配這些乒乓球？如果不能滿足條件，至少要增加幾個乒乓球？

32. 美國「M字頭」科技公司題：
蓋火印 (Stamp)

有一個商人，他經常讓馬為他托運貨物，這些馬有的強壯，有的比較弱，商人為了區別它們，便決定通過蓋火印的方法給每一區馬都做個記號。在給馬蓋火印時馬都會因為疼痛叫喊3分鐘。假設馬的叫聲是不會重疊的。如果給15頭馬蓋火印，至少可以聽馬叫喊多長時間？

33. 美國「花記」銀行集團題：
巧分遺產 (Skillful division)

有一個人得了絕症，不久就離開了人世。這個人生前有70000元的遺產，他死前他的妻子已經懷孕了。在遺囑中這人說，如果他的妻子生下的是兒子的話，女人所得的遺產將是她兒子的一半，如果是女兒的話她的遺產就是女兒的兩倍。結果女人生下的是雙胞胎，一男一女。這下子律師為難了。恰在這時一個

高中生説了一個方法，便輕易的解決了這個難題。你知道這個高中生是怎麼分的嗎？

34. 韓國「現記」汽車公司題：誰養魚 (Who raises fish)

前提：

（1）有五座五種不同顏色的房子

（2）每座房子的主人有著各自的國籍

（3）五人中，每人只喝一種飲料，只抽一種香煙，也只養一種動物

（4）五人中，沒有人養有相同的動物，抽相同牌子的香煙，喝相同的飲料

提示：

（1）美國人所住的房子是紅色的

（2）瑞典人養的是小狗

（3）英國人喝的是茶

（4）綠色房子位於青房子左邊

（5）顏色為綠色房子的主人喝咖啡

（6）抽ALLMALL煙的人養了一隻鳥

（7）顏色為黃色房子的主人吸HUNHILL煙

（8）位於中間的房子，其主人喝牛奶

（9）挪威人住的是第一間房子

（10）吸拉特煙的人住在養貓人的旁邊

（11）養馬人住在抽KUNHILL煙人的旁邊

（12）抽MASER煙的人喝啤酒

（13）德國人吸PRINCE煙

（14）挪威人住在藍色房子附近

（15）吸拉特煙的人的鄰居喝礦泉水

請回答：誰養的是魚？

30. 砝碼

先用天秤秤把140g分成兩等份，每份70g。

在用天秤把其中一份70g分成兩等份，每份35g。

取其中一份35g放到天秤的一端，把7g的砝碼也放到這一段，再把2g的砝碼放到天秤的另一端。從7g砝碼一端移取鹽到2g砝碼的一端，知道天秤秤衡。這時，2g砝碼一端鹽的量為20g。把這20g和已開始分出的未動一份70g鹽放在一起，就是90g，其他的鹽放在一起，就是50g。

31. 分乒乓球

100個盒子中任意兩個盒子的乒乓球數都不能相同，所以，最大的可能就是分別裝入1個、2個、3個……100個。

因此需要：

1+2+3+4+......+100=5050

因此，我們似乎需要5050個乒乓球才能滿足題目的條件，實際上呢？我們還可以做一個假設，可以讓其中的一個盒子空著，也就是說該盒子的

個乒乓球才能滿足題目的條件，實際

我們還可以做一個假設，可以讓其中的一個盒子空著，也就是乒乓球數為0。

因此：

0+1+2+3+...+99=4950

結論：至少需要4950個乒乓球。

當只有4949個乒乓球時，必定有兩個盒子的乒乓球數量是相同的。我們若想滿足題目的條件，只需要增加1個乒乓球。

32. 蓋火印

答案：42分鐘。也許有人會想是3*15=45。可是因為火印蓋
到第十四隻馬，剩下的一隻，他們就不蓋了，因為不蓋也能與
其他的區別。所以應把最後一隻馬的叫喊時間3分鐘去掉。

33. 巧分遺產

女兒10000，母親20000，兒子40000。設母親得到X元，則
兒子得到2X，女兒得到X/2。2X+X+X/2=70000。最後求得女
兒10000，母親20000，兒子40000。

34. 誰養魚

第一座是黃色房子，住著挪威人，喝礦泉水，抽HUNHILL香
煙，養貓

第二座是藍色房子，住著英國人，喝茶，吸拉特煙，養馬

第三座是紅色房子，住著美國人，喝牛奶，抽ALLMALL煙，
養鳥

第四座是綠色房子，住著德國人，喝咖啡，吸PRINCE煙，養
貓、馬、鳥、狗以外的寵物

第五座是青色房子，住著瑞典人，喝啤酒，吸MASTER煙，
養狗

35. 日本「H字頭」電器公司題：
他們在做什麼 (What are they doing)

住在學校宿舍的同一房間的四個學生A、B、C、D正在聽一首流行歌曲，她們當中有一個人在剪指甲，一個人在寫東西，一個人站在露台上，另一個人在看書。

請問A、B、C、D各自都在做什麼？

已知：(1)A不在剪指甲，也不在看書

(2)B沒有站在露台上，也沒有剪指甲

(3)如果A沒有站在露台上，那麼D不在剪指甲

(4)C既沒有看書，也沒有剪指甲

(5)D不在看書，也沒有站在露台上

36. 日本「S字頭」電器公司題：
你能猜到他的年齡嗎？
(Can you guess his age?)

在訓練的過程中，你是司令，你手下有兩名軍長，五名團長，十名排長和十二名士兵，那麼請問你能猜到司令今年的年齡嗎？

37. 美國「W字頭」零售企業題：
那1元錢到哪了？ (Where is the money?)

有3個人去旅店住宿，住3間房，每間房10元，於是他們付給了老闆30元。第二天人，誰知伙計貪心，只退回每人1元，自己偷偷拿了2元。這樣一來便等於那3位客人各花了9元，於是3個人一共花了27元，在加上伙計獨吞的2元，總共29元。可當初3個人一共付了30元，那，老闆覺得25元就夠了，於是就讓伙計退5元給這3位客麼還有1元到哪裡去了？

38. 荷蘭「殼牌」石油公司題：
有意思的鐘 (Interesting clock)

爺爺有兩個鐘，第一個鐘兩年只準 1 次，而另外一個鐘每天準 2 次，爺爺問小明想要哪個鐘。如果你是小明，你會選哪個？當然，鐘是用來看時間的。

39. 日本「T記」汽車集團題：
男人女人 (Men and women)

有一天，酒店來了三對客人：兩個男人、兩個女人、一對夫婦。他們開了三個房間，門口分別掛上了帶有標記的「男」、「女」、「男女」的牌子，以免走錯房間。但是愛開玩笑的酒店服務員，把牌子巧妙地調換了位置，讓房間裡的人找不到自己的房間。

據説，在這種情況下，只要知道一個房間的情況，就可以找到其他房間的情況。

請問：應該敲掛什麼牌子的房間門呢？

40. 德國「V字頭」汽車集團題：
如何過橋？ (How to cross the bridge?)

在一個夜晚，同時有4人需要過一橋，一次最多只能通過兩個人，且只有一個手電筒，而且每人的速度不同。A、B、C、D 需要時間分別為：1、2、5、10分鐘。

問：在17分鐘內這四個人怎麼過橋？

35. 他們在做什麼

A：站在露台上；B：在看書；C：在寫東西；D：在剪指甲

已知推出：

A：寫東西或者站在露台上

B：寫東西或者在看書

C：寫東西或者站在露台上

D：寫東西或者在剪指甲

由此可得D一定在剪指甲，由條件3可排除A在寫東西，那麼A站在露台上；由以上排除C站在露台上，那麼他一定是在寫東西；那麼B一定在看書。

36. 你能猜到他的年齡嗎？

需要注意的是題目中所給的數字是無用的，因為第一句話説：「你是司令」，所以司令的年齡，就是讀者你的年齡。

37. 那1元錢到哪了？

分析：這是個偷換概念的問題，每人每天9元，老闆得到25元，伙計得到2元，27=25+2.不能把客人和伙計得到的錢加起來。

38. 有意思的鐘

答案：這道題如果換一個問的方式，就很好回答：要是一個鐘是停的，而另一個鐘每天慢1分鐘，你會選擇哪個呢？當然你會選擇每天只慢1分鐘的鐘。

本題就是這樣，兩年準一次，也就是一天慢1分鐘，需要走慢

720分鐘，也就是24小時，才能在准一次，也就是需要兩年，而每天準兩次的鐘是停的。

因此，選擇每年準兩次的鐘。

39. 男人女人

答案：「男女」的房間。

分析：因為確定每個牌子都是錯的，所以掛有「男女」牌子的房間一定是只有「男」或只有「女」。很容易就能判斷出來了。確定了這個，其中兩個也就出來了。

40. 如何過橋？

分析：第一步：A、B過花時間2分鐘。

第二步：B回花時間2分鐘。

第三步：C、D過花時間10分鐘。

第四步：A回花時間1分鐘。

第五步：A、B再過花時間2分鐘。

41. 英國「B字頭」石油公司題：
如何分湯 (Division problem)

兩個犯人被關在監獄的囚房裡。監獄每天都會給他們提供一小鍋湯，讓這兩個犯人自己來分。起初，這兩個人經常會發生爭執，因為他們總是有人認為對方的湯比自己的多。後來他們找到了一個兩全其美的辦法：一個人分湯，讓另一個人先選。於是爭端就這麼解決了。可是，現在這間囚房裡又加進來一個新犯人，現在是三個人來分湯。因此，他們必須找出一個新的分湯方法來維持他們之間的和平。

請問：應如何分湯？

42. 美國「雙交叉」石油公司題：
飛機事件 (Aircraft)

已知：有N架一樣的飛機停靠在同一個機場，每架飛機都只有一個油箱，每箱油可使飛機繞地球飛半圈。注意：天空沒有加油站，飛機之間只是可以相互加油。

如果使某一架飛機平安地繞地球飛一圈，並安全地回到起飛時的機場，問：至少需要出動幾架飛機？

註：路途中間沒有飛機場，每架飛機都必須安全返回起飛時的機場，不許中途降落。

43. 美國「A字頭」科技公司題：
為什麼呢？(Why?)

曾經有座山，山上有座廟，只有一條路可以從山上走到山下。每周一早上8點，有一個聰明的小和尚去山下化緣，周二早上8點從山腳回山上的廟裡。注意：

小和尚的上下山的速度是任意的，但是在每個往返中，他總是能在周一和周二的同一鐘點到達山路上的同一點。例如，有一次他發現星期一的9點和星期二的9點他都到了山路靠山腳的地方。

請問：這是為什麼？

44. 韓國「S字頭」科技公司題：
觀察數字 (Number)

仔細的觀察一下1、2、3、4、5、6、7這七個數，如果不改變順序，也不能重複，想一想用幾個加號把這些數連起來，可使它們的和等於100？

45. 美國「M字頭」藥業集團題：
巧排隊列 (Clever queue)

一個班級有24個人，有一次，為了安排一個節目，必須把全班學生排成6列，要求每5個人為一列，那麼該怎麼排呢？

46. 美國「聯記」健康集團題：
觀察字母 (Letters)

PRO、XSZ這兩組字母有哪些不同之處？

41. 如何分湯

分析：想要使三個人都得到心理平衡，分湯的方法就必須要公平、公正、公開。因此，可以得出以下結論：

第一步：讓第一個人將湯分成他認為均勻的三份。

第二步：讓第二個人將其中兩份湯重新分配，分成他認為均勻的2份。

第三步：讓第三人第一個取湯，第二人第二個取湯，第一人第三個取湯。

42. 飛機事件

分析及答案：一共需要10架飛機。假設繞地球一圈為1，每架飛機的油只能飛1/4個來回。從原機（也就是要飛地球一圈的飛機）飛行方向相同的方向跟隨加油的飛機以將自己的油一半給要供給飛機為原則，那跟隨飛機就只能飛1/8個來回。推理得以四架供一架飛機飛1/4的方法進行，那麼原機自己飛行1/4到3/4的那段路程，0至1/4和3/4至4/4由加油機加油供給，就是給1/2的油，原機就能飛1/4了，所以跟隨和迎接兩個方面分別需要供油機在1/4處分給原機一半的油，供油機在1/4處分完油飛回需4架飛機供油，所以綜上所述得（1＋4）×2＝10。

43. 為什麼呢？

如果是一天的早上8點，有「兩個」和尚分別從山上的廟和山腳同時出發，並且只有一條路可走，你想他們是不是一定會相遇。

換一種說法：就是小和尚在同一鐘點到達山路上的同一地點。

回到問題，星期一和星期二都是8點出發，又是相向的走同一條路，如果能跨越時間思維的局限，星期一和星期二都的8點

出發看成是小和尚有分身之術同一天的8點分別從山上的廟和山腳出發「今天的小和尚必然和昨天的自己」相遇就不難理解了。這樣，就能證明小和尚能在同一鐘點達到同一地點了。

44. 觀察數字

添加四個加號可以把這些數連起來，而且使他們的和等於100。即 $1 + 2 + 34 + 56 + 7 = 100$。

45. 巧排隊列

排成六角形。提到排列，人們總是想到橫排或者豎排，但5人為一列，排成6列，24個人是不夠的。所以排列時必須要考慮有的人要兼任兩個隊列的數目，這樣排列時，那就要考慮六角形了。

46. 觀察字母

第一組不對稱，第二組雙重旋轉對稱。

47. 德國「D字頭」汽車集團題：
下一行數字是多少 (What's next?)

你能繼續寫下去嗎？

3 13

1113

3113

132113

1113122113

觀察這些數字，你能寫出下一行數字嗎？

48. 美國「F字頭」汽車公司題：
測高樓的高度 (Height of the tower)

某天，天氣非常晴朗，一個人對另一個人說：「這裡有一盒捲尺，看到對面這幢大樓了吧，它的四周是寬廣的平地。如果在不墊高的情況下，怎樣才能量出對面這幢大樓的高度？」另一個人聽罷問題後，想了一會兒，又拿捲尺量了一番，最後得出了大樓的高度，聰明的你想到是怎麼測的嗎？

49. 美國「A字頭」電話電報公司題：
運大米 (Rice problem)

有100石大米，需要用牛車運到米行，米行恰巧找來了100輛牛車，牛車有大小之分，大牛車一次可以運三石，中型的牛車可以運兩石，而小牛車卻需要用兩輛才能運一石。請問如果既要把大米運完又要把100輛車用夠，該如何分配牛車？

50. 美國「G字頭」汽車公司題：
哪個正確 (Which is correct?)

在一次地理考試結束後，有五個同學看了看彼此五個選擇題的答案，其中：

同學甲：第三題是A，第二題是C。

同學乙：第四題是D，第二題是E。

同學丙：第一題是D，第五題是B。

同學丁：第四題是B，第三題是E。

同學戊：第二題是A，第五題是C。

結果他們各答對了一個答案。根據這個條件猜猜哪個選項正確？

a. 第一題是D，第二題是A；

b. 第二題是E，第三題是B；

c. 第三題是A，第四題是B；

d. 第四題是C，第五題是B。

47. 下一行數字是多少

這些數字是有規律的，下一行是對上一行數字的讀法。

第一行3，第二行讀第一行，1個3，所以13。

第三行讀第二行，1個1，1個3，所以1113。

第四行讀第三行，3個1，1個3，所以3113。

第五行讀第四行，1個3，2個1，1個3，所以132113。

第六行讀第五行，1個1，1個3，1個2，2個1，1個3，所以1113122113。

第七行讀第六行，3個1，1個3，1個1，2個2，2個1，1個3，所以下一行數字是311311222113。

48. 測高樓的高度

仔細觀察可以發現，在晴朗的天氣，太陽可以照出影子，可以用捲尺將一個人的身高和身影量出，高層樓影也可以量出。然後用：人高／人影＝樓高／樓影這個式子計算出樓的高度。

49. 運大米

首先可以設大牛車用x輛，中型牛車y輛，小型牛車z輛，依題意知：

x+y+z=100

3x+2y+z/2=100，然後分情況討論即可得出答案。

50. 哪個正確

選C。假設同學甲「第三題是A」的説法正確，那麼第二題的答案就不是C。同時，第二題的答案也不是A，第五題的答案是C，再根據同學丙的答案知道第一題答案是D，然後根據同學乙的答案知道第二題的答案是E，最後根據同學丁的答案知道第四題的答案是B。所以以上四個選項第三個選項正確。

51. 美國「F字頭」汽車公司題：
誰偷了芝士 (Who stole the cheese)

有四隻小老鼠一塊出去偷食物（它們都偷食物了），回來時族長問它們都偷了什麼食物。

老鼠A說：「我們每隻老鼠都偷了芝士。」

老鼠B說：「我只偷了一顆櫻桃。」

老鼠C說：「我沒偷芝士。」

老鼠D說：「有些老鼠沒偷芝士。」

族長仔細觀察了一下，發現它們當中只有一隻老鼠說了實話。那麼下列的評論正確的是：

a. 所有老鼠都偷了芝士

b. 所有的老鼠都沒有偷芝士

c. 有些老鼠沒偷芝士

d. 老鼠B偷了一顆櫻桃

52. 法國「A字頭」保險公司題：
王先生是怎麼算出來的
(Calculation problem)

某企業老闆在對其員工的思維能力進行測試時出了這樣一道題：

某大型企業的員工人數在1700至1800之間，這些員工的人數如果被5除餘3，如果被7除餘4，如果被11除餘6。那麼，這個企業到底有多少員工？員工王先生略想了一下便說出了答案，請問他是怎麼算出來的？

51. 誰偷了芝士

假設老鼠A說的是真話，那麼其他三隻老鼠說的都是假話，這符合題中僅一只老鼠說實話的前提；假設老鼠B說的是真話，那麼老鼠A說的就是假話，因為它們都偷食物了；假設老鼠C或D說的是實話，這兩種假設只能推出老鼠A說假話，與前提不符。所以a選項正確，所有的老鼠都偷了芝士。

52. 王先生是怎麼算出來的

王先生是這樣得出答案的：對題目中所給的條件進行分析，假如把全體員工的人數擴大2倍，則它被5除餘1，被7除餘1，被11除餘1，那麼，餘數就相同了。假設這個企業員工的人數在3400至3600之間，滿足被5除餘1，被7除餘1，被11除餘1的數是5*7*11+1=386，386+385*8=3466，符合要求，所以這個企業共有1733個員工。

53. 美國「G字頭」電氣公司題：
如何分酒？(Wine problem)

一個人晚上出去打了10斤酒，回家的路上碰到了一個朋友，恰巧這個朋友也是去打酒的。不過，酒家已經沒有多餘的酒了，且此時天色已晚，別的酒家也都已經打烊了，朋友看起來十分著急。於是，這個人便決定將自己的酒分給他一半，可是朋友手中只有一個7斤和3斤的酒桶，兩人又都沒有帶稱，如何才能將酒平均分開呢？

54. 德國「西記」電子集團題：
賠了多少？(Money problem)

一天，趙先生的店裡來了一位顧客，挑了20元的貨，顧客拿出50元，趙先生沒零錢找不開，就到隔壁韓先生的店裡把這50元換成零錢，回來給顧客找了30元零錢。過一會，韓先生來找趙先生，說剛才的是假錢，趙先生馬上給李先生換了張真錢。

問：在這一過程中趙先生賠了多少錢？

55. 美國「花記」銀行集團題：
馬匹喝水 (Horse)

王先生要養馬，他有這樣一池水：
如果養馬30匹，8天可以把水喝光；
如果養馬25匹，12天把水喝光。
王先生要養馬23匹，那麼幾天後他要為馬找水喝？

53. 如何分酒？

第一步：先將10斤酒倒滿7斤的桶，再將7斤桶裡的酒倒滿3斤桶

第二步：再將3斤的桶裡的酒全部倒入10斤桶，此時10斤桶裡共有6斤酒，而7斤桶裡還剩4斤

第三步：將7斤桶裡的酒倒滿3斤桶，再將3斤桶裡的酒全部倒入10斤桶裡，此時10斤桶裡有9斤酒，7斤桶裡只剩1斤

第四步：將7斤桶裡剩的酒倒入3斤桶，再將10斤桶裡的酒倒滿7斤桶；此時3斤桶裡有1斤酒，10斤桶裡還剩2斤，7斤桶是滿的

第五步：將7斤桶裡的酒倒滿3斤桶，即倒入2斤，此時7斤桶裡就剩下了5斤，再將3斤桶裡的酒全部倒入10斤桶，這樣就將酒平均分開了

54. 賠了多少？

首先，顧客給了趙先生50元假鈔，趙先生沒有零錢，換了50元零錢，此時趙先生並沒有賠，當顧客買了20元的東西，由於50元是假鈔，此時趙先生賠了20元，換回零錢後趙先生又給顧客30元，此時趙先生賠了20+30=50元，當韓先生來索要50元時，趙先生手裡還有換來的20元零錢，他再從自己的錢裡拿出30元即可，此時趙先生賠的錢就是50+30=80元，所以趙先生一共賠了80元。

55. 馬匹喝水

第一步：根據題意可以知道這道題是在理想情況下的。30匹馬8天把水喝光，馬匹數加上所用天數就是38；

第二步：25匹馬12天喝光水，馬匹數加上所用天數是37；

第三步：由於第一步的加和是38，第二步的加和是37，説明馬匹數加上喝光水所用天數的和是逐次遞減的；

第四步：如果23匹馬把水喝光所用天數加上馬匹數就應該是36，所以答案應該為36−23=13天，即23匹馬13天能把水喝光。

56. 日本「S字頭」電器公司題：
賣蘋果 (Selling apples)

一個商人趕一輛馬車走50公里的路程去縣城賣50箱蘋果，一個箱子裡有30個蘋果。馬車一次可以拉10箱蘋果。但商人進城時喜歡帶上他的兒子。在進城的路上他的兒子每走1公里由於口渴都要吃掉一個蘋果。那麼商人走到縣誠可以賣出多少個蘋果？

57. 日本「H字頭」汽車公司題：
哪個數最小？ (Which number is the smallest?)

有A、B、C、D四個數，它們分別有以下關係：
A、B之和大於C、D之和，A、D之和大於B、C之和，B、D之和大於A、C之和。請問，你可以從這些條件中知道這四個數中哪個數最小嗎？

58. 瑞士「N」字頭食品集團題：
解題 (Problem solving)

弟弟讓姐姐幫他解答一道數學題，一個兩位數乘以5，所得的積的結果是一個三位數，且這個三位數的個位與百位數字的和恰好等於十位上的數字。姐姐看了以後，心裡很是著急，覺得自己摸不到頭緒，你能幫姐姐得到這首題的答案嗎？

59.
德國「V字頭」汽車集團題：
核桃有多少？ (How many walnuts?)

有一堆核桃，如果5個5個的數，則剩下4個；如果4個4個的數，則剩下3個；如果3個3個的數，則剩下2個；如果2個2個的數，則剩下1個。那麼，這堆核桃至少有多少呢？

60.
美國「C字頭」能源公司題：
火車早到多長時間？
(How long is the train early?)

有一天，張先生乘坐火車到達某一個地方給王先生送貨，本來說好王先生來接張先生的，可是，這天火車提前到站了，所以張先生就一個人開始往王先生住的地方走，走了半個小時後，迎面遇到了王先生，王先生接過東西，沒有停留就掉頭回去了。當王先生到住的地方時發現，這次接貨回來的時間比平時早了10分鐘。那麼，這天的火車比平時早到了多長時間呢？

56. 賣蘋果

這50箱蘋果可以均分為5份，也就是分5次賣完。由於馬車一次運10箱蘋果，一箱有30個蘋果，也就是商人進一次城時運300個蘋果，走一公里商人的兒子都要吃一個，當到達城裡時，他的兒子已經吃了49個蘋果，第二次同樣他的兒子都要吃掉49個蘋果，第三次、第四次、第五次也一樣，所以最後他兒子一共吃了49*5=245個蘋果，所賣蘋果總數是50*30245=1255個蘋果。

57. 哪個數最小？

C最小。由題意可得（1）A、B>C、D；（2）A、D>B、C；（3）B、D>A、C。由（1）+（2）得知A>C，由（1）+（3）可得知B>C，由（2）+（3）得知D>C，所以，C最小。

58. 解題

根據題幹所提的我們先假設，兩位數是AB，三位數是CDE，則AB*5 = CDE。

第一步：已知CDE能被5整除，可得出個位為0或5。

第二步：若後一位數E=0，由於E+C＝D，所以C＝D。

第三步：又根據題意可得CDE/5的商為兩位數，所以百位小於5。

第四步：因為上一步得出了C＝D，因此，當C=1，2，3，4時，D=1，2，3，4，CDE＝110，220，330，440。

第五步：若E=5，當C=1，2，3，4時，D=6，7，8，9，CDE＝165，275，385，495。

所以，這道題應該有8個這樣的數。

59. 核桃有多少？

根據題意可知，這5種數法都缺一個核桃，那麼如果加1個核桃的話，就可以整除這5個數了。也就是說，加1個核桃，這個數就是2、3、4、5的最小公倍數，也就是120。所以，這堆核桃至少有119個。

60. 火車早到多長時間？

王先生提前10分鐘到家，也就是說他從遇到張先生到火車站這段路程來回需要10分鐘。所以從相遇時到到達火車站，步行需要5分鐘。也就是說，按照以前的時間，再過5分鐘火車應該到站，但是此時火車已經到站15分鐘了，也就是張先生走的這段時間。所以，這一天的火車比以前提前了20分鐘到站。

61. 日本「H字頭」電器公司題：
龜兔賽跑誰在先
(Who is the tortoise and the hare race?)

烏龜和兔子賽跑的原版，是由於兔子過於貪玩烏龜勝出了。但依兔子的速度可以遠遠超過烏龜的。而現在有一總長此4.2km的路程，兔子每小時跑20km，烏龜每小時跑3km。不停地跑。但兔子卻邊跑邊玩，它先跑1分鐘，然後玩15分鐘。又跑2分鐘，再玩15分鐘……那麼，先到終點的比後到終點的要快多少分鐘？

62. 美國「M字頭」科技公司題：
敲鐘的速度 (Temple problem)

在一個寺院裡，每天和尚都要敲鐘，第一個和尚用10秒鐘敲了10下鐘，第二個和尚用20秒敲了20下鐘，第三個和尚用5秒鐘敲了5下鐘。這些和尚各人所用的時間是這樣計算的：從敲第一下開始到敲最後一下結束。這些和尚的敲鐘速度是否相同？如果不同，一次敲50下的話，他們誰先敲完。

63. 美國「J字頭」銀行集團題：
三個火槍手(Three musketeers)

在古英國曾有這樣一個故事：三個火槍手同時看上了一個公主，這個公主不好選擇，提出讓他們以槍法一較高低。誰勝出她就嫁給誰。第一個火槍手的槍法準確率是40%，第二個火槍手的準確率是70%，第三個火槍手的準確率是百分之百。由於誰都知道對方的實力，他們想出了一個自認為公平的方法：第一個火槍手先對其他兩個火槍手開槍，然後是第二個，最後才是第三個火槍手。按照這樣的順序循環，直至剩下一個人。那麼這三個人中誰勝出的幾率最大？他們應採取什麼策略？

64. 美國「A字頭」電話電報公司題：
蝸牛爬三角(Snail climbing triangle)

將三中蝸牛放在一個正三角形的每個角上。每隻蝸牛開始朝另一隻蝸牛做直線運動，目標角是隨機選擇。那麼蝸牛互不相撞的概率是多少？

61. 龜兔賽跑誰在先

我們根據它們的行駛速度可首先推斷出各自所用時間：

烏龜跑了 4.2÷3×60=84分鐘

兔子跑了 4.2÷20×60=12.6分鐘

兔子在跑完全程所用的時間為 1+15+2+15+3+15+4+15+2.6=72.6 分鐘

所以兔子先到終點，並且快於烏龜84-72.6=11.4分鐘。

62. 敲鐘的速度

他們的敲鐘速度是不同的，應該按敲鐘的間隔來算時間，每一個和尚用10秒鐘敲了9個間隔，第二個和尚用20秒敲了19個間隔，第三個和尚用5秒敲了4個間隔。所以他們敲鐘每個間隔所用的時間分別為：10/9，20/19，5/4即1.11，1.053，1.25。所以第二個和尚敲鐘的速度是最快的，他最先敲完50下。

63. 三個火槍手

第一個火槍手。因為每個人肯定都先射槍法最好的槍手。第一輪第一個火槍手可以選擇不開槍。其他兩個火槍手都會選擇打槍法最準的。第一個火槍手和第二個火槍手都會打槍法最準的。

分析：先解決一個不太直觀的概率，當第一個火槍手與第二個火槍手兩個對決（第一個火槍手先手），第一個火槍手的生存率為：$x=40\%+60\%*(50\%*0+50\%*S)$，解得：$x=57.14\%$

第一個火槍手的生存率$=50\%*x+50\%*40\%=48.57\%$

第一個火槍手的生存率$=50\%*0+50\%*(1x)=21.43\%$

第三個火槍手的生存率$=50\%*0+50\%*60\%=30\%$

分析一下，如果小第一個火槍手第一輪不放棄而打第三個火槍手的話

第一個火槍手的生存率$=40\%*(50\%*0+50\%*x)+60\%*(50\%*x+50\%*40\%)=40.56\%$

顯然沒有48.57%高，所以第一個火槍手第一輪會放棄。

64. 蝸牛爬三角

蝸牛爬行時要保證不會相撞，他們要麼都順時針爬行，要麼都逆時針爬行。蝸牛爬行方向的選擇是隨機的，如果第一隻蝸牛選擇了自己的爬行方向，那麼第二隻蝸牛有一半的概率選擇與第一隻蝸牛相同的方向。第三隻蝸牛同樣有一半的概率選擇與第一隻蝸牛相同的方向，所以三隻蝸牛不會撞到一起的概率是1/4。

65. 美國「W字頭」零售企業題：
她到底多大年齡？ (How old is she?)

4個人在對一部電視劇主演的年齡進行猜測，實際上只有一個人說對了，

張：她不會超過20歲

王：她不超過25歲

李：她絕對在30歲以上

趙：她的歲數在35歲以下

A. 張說得對

B. 她的年齡在35歲以上

C. 她的歲數在30至35歲之間

D. 趙說得對

66. 美國「G字頭」電氣公司題：
瑪麗要什麼？ (What does Mary want?)

誰昨天要朱古力，今天要奶糖

凱特、瑪麗和簡三人去超級市場，他們每人要的不是朱古力就是奶糖。

（1）如果凱特要的是朱古力，那麼瑪麗要的就是奶糖

（2）凱特或簡要的是朱古力，但是不會兩人都要朱古力

（3）瑪麗和簡不會兩人都要奶糖

誰昨天要的是朱古力，今天要的是奶糖？

67. 美國「雙交叉」石油公司題：
選候選人 (Candidate problem)

在一次村民投票選舉中，統計顯示，有人投了所有候選人的贊成票，假如顯示的統計是真實的，那麼在下列選項中，哪個選項也一定是真實的：

A. 每個選民都投舉了每個候選人的贊成票

B. 在選舉所有的候選人中，都投贊成票的人很多

C. 不是所有的選票人投所有候選人的贊成票

D. 所有的候選人都當選是不太可能的

E. 所有的候選人都有當選的可能

68. 日本「T記」汽車集團題：
吊在樑上的人 (Man hanging on the beam)

在一天早上，酒吧的服務員來上班的時候，他們聽到頂樓傳來了呼叫聲。一個侍應走到頂樓，發現經理的腰部束了一根繩子被吊在頂梁上。這個經理對侍應説：「快點把我放下來，去叫警察，我們被打劫了。」

這個經理把經過情形告訴了警察：「昨夜酒吧停止營業以後，我正準備關門，有兩個賊人衝進來，把錢全搶去了。然後把我帶到頂樓，用繩子將我吊在樑上。」警察對他説的話並沒有懷疑，因為頂樓房裡空無一人，他無法把自己吊在那麼高的樑上，地上沒有可以墊腳的東西。有一部梯子曾被盜賊用過，但它卻放在門外。可是，警察發現，這個經理被吊位置的地面有些潮濕。沒過多長時間，警察就查出了這個經理就是偷盜的人。

想一想，沒有別人的幫助，這個經理是如何把自己吊在頂樑上的？

65. 她到底多大年齡？

此題最好用排除法，根據條件只有一個人說的是正確的，如果張說得對，那麼王和趙說得也對，排除A；同理王說得也不對，如果李說得是對的，趙說得也可能對，反之也是如此，排除C、D。故選B。

66. 瑪麗要什麼？

昨天朱古力，今天奶糖根據條件1和2，如果凱特要的是朱古力，那麼瑪麗要的就是奶糖，簡要的也是奶糖。這種情況與3矛盾。因此，凱特要的只能是奶糖。於是，根據條件2，簡要的只能是朱古力。因此，只有瑪麗才能昨天要朱古力，今天要奶糖。

67. 選候選人

只有C是可以從陳述中直接推出的，故選C。

68. 吊在樑上的人

該個經理是這樣做的：他利用梯子把繩子的一頭繫在頂樑上，然後把梯子移到了門外。然後他從冷藏庫裡托出一塊巨大的冰塊帶到頂樓。他立在冰塊上，用繩子把自己繫好，然後等時間。第二天當侍應發現他的時候，冰塊已完全都融化了，這個經理就被吊在半空中。

69. 美國「J字頭」銀行集團題：
哪種說法對？ (Which statement is right?)

在人口統計調查的過程中，男女比例相當，但是，黃種人跟黑種人相比多得多。在白種人中，男性比例大與女性，由此可見，請選擇以下正確的說法：

A. 黃種女性多於黑種男性
B. 黑種女性少於黃種男性
C. 黑種男性少於黃種男性
D. 黑種女性少於黃種女性

70. 韓國「現記」汽車公司題：
切西瓜 (Watermelon problem)

一個人拿刀將一個西瓜切了4刀，西瓜被切成了9塊，可是，當西瓜被吃過完後，發現西瓜皮多了一塊，於是他又查了一遍，還是10塊西瓜皮，請問這個人是怎麼切西瓜的？

71. 日本「T記」汽車集團題：
這個三位數是多少？
(What is this three-digit number?)

桌子上有3張數字卡片，這幾張卡片組成三位數字236。如果把這3張卡片變換一下位置或方向，就會組成另外一個三位數，而且這個三位數恰好能夠被47整除。那麼如何改變卡片的方位呢？這個三位數是多少呢？

69. 哪種說法對？

在世界總人口中，男女比例相當，但是，黃種人跟黑種人相比多得多。在白種人中，男性比例大與女性，由此可見：

1. 黃男＋黃女＞黑男＋黑女

2. 黃男＋黑男＋白男＝黃女＋黑女＋白女

3. 白男＞白女

通過3（3），2（2）

推出4（4）：黃女＋黑女＞黃男＋黑男

結合1（1），4（4）相加，

得出5（5）：黃男＋黃女＋黑女＋黃女＞黑男＋黑女＋黃男＋黑男

所以：黃女＞黑男

70. 切西瓜

這個人以「井」字型將西瓜切了4刀

71. 這個三位數是多少？

能夠被47整除的三位數有94、141、188、235、282、329……要仔細得觀察236這個數字，看怎麼變動可以滿足要求。可以將236中的23左右交換為32，再把6的那張卡片上下倒置變為「9」即可變為「329」，能夠被47整除。

72. 日本「H字頭」汽車公司題：
生門？死門？ (Gate problem)

你現在面臨兩扇門，有一扇是生門，另一扇時死門。生門及死門都有一個人看守著，而這兩個人之中，一個只會說真話，另一個只會說假話，這兩位守門人知道哪一扇門是生門，哪一扇是死門，而你則是不知道的。同時，你更不知道那個人會說真話，那個人會說假話，更不知道他們各守的是哪扇門？

請問有什麼方法，可以只問其中一位守門員一個問題，就可以知道哪扇是生門？

73. 美國「波記」航空集團題：
如何吃藥？ (How to take medicine?)

你一個人到了一座荒島上，救援人員20天後才能到達（今天是第0天）。你有A和B兩種藥片，每種20粒。每天你必須各吃一片才能活到第二天。但是你不小心把這兩種要混在了一起，無法識別。你該怎麼辦？

72. 生門？死門？

答案：只要問其中一個：「你認為另一個守門人會說他守的是生門還是死門？」就可以知道那扇是生門，那扇是死門。

分析：問其中一位守門員，如果回答是生門即實際是死門，反則生門。或者問：「對方認為哪邊是死門？」看他會指向那扇門？

73. 如何吃藥？

分析：只要把藥片全部碎成粉末，攪勻後平均分成10份，一天吃一份。

74. 美國「M字頭」藥業集團題：
某甲的職稱和性別 (Title and gender)

在某甲所在學院的教職工內，總共是16名教授和助教（包括我在內），但某甲的職稱和性別計算在內與否都不會改變下面的變化：

（1）助教多於教授；

（2）男教授多於男助教

（3）男助教多於女助教

（4）至少有一位女教授

那麼，某甲的職稱和性別是？

提示：確定一種不與題目中任何陳述相違背的關於男助教、女助教、男教授和女教授的人員分布情況。

75. 法國「道記」石油公司題：
他們的職業是分別什麼？
(What are their occupations?)

王先生、張先生、趙先生三個人是好朋友，他們中間其中一個人做生意，一個人考上了大學，一個人做警察了。此外他們還知道以下條件：

趙先生的年齡比做警察的大；大學生的年齡比張先生小；王先生的年齡和大學生的年齡不一樣。請推出這三個人中誰是商人？誰是大學生？誰是警察？

74. 某甲的職稱和性別

首先由於醫生和護士的總數是16名，從條件1和4得知：助教至少有9名，男教授最多是6名；

按照條件2，男助教必定不到6名。根據3條件，女助教少於男助教，所以男助教必定超過4名；

男助教多於4名少於6名，故男助教必定正好是5名。於是，助教必定不超過9名，從而正好是9名，包括5名男性和4名女性，於是男教授則不能少於6名。

如此，如果是一名男教授，則與2矛盾；是一名男助教，則與3矛盾；把一名女教授排除在外，則與4矛盾；如果是一名女助教，則符合所有條件。因此，某甲是一位女助教。

75. 他們的職業是分別什麼？

張先生是商人，趙先生是大學生，王先生是警察。假設趙先生是警察，那麼就與題目中「趙先生的年齡比警察的大」這一條件矛盾了，因此，趙先生不是警察；假設張先生是大學生，那就與題目中「大學生的年齡比張先生小」矛盾了，因此，張先生不是大學生；假設王先生是大學生，那麼，就與題目中「王先生的年齡和大學生的年齡不一樣」這一條件矛盾了，因此，王先生也不是大學生。所以，趙先生是大學生。由條件趙先生的年齡比警察的大，大學生的年齡比張先生小得出王先生是警察，張先生是商人。

76. 荷蘭「殼牌」石油公司題：
誰做對了？ (Who is right?)

甲、乙、丙三個人在一起做作業，有一道數學題比較難，當他們三個人都把自己的解法說出來以後：

甲說：「我做錯了。」

乙說：「甲做對了。」

丙說：「我做錯了。」

在旁的丁看到他們的答案並聽了她們的意見後，說：「你們三個人中有一個人做對了，有一個人說對了。」

請問，他們三人中到底誰做對了？

77. 美國「P字頭」國際能源公司題：
鞋子的顏色 (The color of the shoes)

瑪莉買了一雙漂亮的鞋子，她的同學都沒有見過這雙鞋了，於是大家就猜：彼德說：「你買的鞋不會是紅色的。」

凱迪說：「你買的鞋子不是黃的就是黑的。」

美玲說：「你買的鞋子一定是黑色的。」

這三個人的看法至少有一種是正確的，至少有一種是錯誤的。請問，瑪莉的鞋子到底是什麼顏色的？

76. 誰做對了？

假設丙做對了，那麼甲、乙都做錯了，這樣，甲說的是正確的，乙、丙都說錯了，符合條件，因此，丙做對了。

77. 鞋子的顏色

假設瑪莉的鞋子是黑色的，那麼三種看法都是正確的，不符合題意；假設是黃色的，前兩種看法是正確的，第三種看法是錯誤的；假設是紅色的，那麼三句話都是錯誤的。因此，瑪莉的裙子是黃色的。

78.
德國「D字頭」汽車集團題：
誰在說謊，誰拿走了零錢？
(Money problem)

姐姐上街買菜回來後，就隨手把手裡的一些零錢放在了抽屜裡，可是，等姐姐下午再去拿錢買菜的時候發現抽屜裡的零錢沒有了。

於是，她就把三個妹妹叫來，問她們是不是拿了抽屜裡的零錢：

甲說：「我拿了，中午去買零食了。」

乙說：「我看到甲拿了。」

丙說：「總之，我與乙都沒有拿。」

這三個人中有一個人在說謊，那麼到底誰在說謊？誰把零錢拿走了？

79.
美國「G字頭」電氣公司題：
珍珠在哪裡？ (Where is the pearl?)

一個人的珍珠丟了，於是他開始四處尋找。有一天，他來到了山上，看到有三個小屋，分別為1號、2號、3號。從這三個小屋裡分別走出來一個女子。

1號屋的女子說：「珍珠不在此屋裡。」

2號屋的女子說：「珍珠在1號屋內。」

3號屋的女子說：「珍珠不在此屋裡。」

這三個女子，其中只有一個人說了真話，那麼，誰說了真話？夜明珠到底在哪個屋裡面？

78. 誰在說謊，誰拿走了零錢？

丙說謊，甲和丙都拿了一部分。

假設甲說謊的話，那麼乙也說謊，與題意不符。

假設乙說謊，那麼甲也說謊，與題意不符。

那麼，說謊的肯定是丙了，只有甲和丙都拿零錢了才符合題意。

79. 珍珠在哪裡？

1號屋的女子說的是真話，珍珠在3號屋子內。假設珍珠在1號屋內，那麼2號屋和3號屋的女子說的都是真話，因此不在1號屋內；假設珍珠在2號屋內，那麼1號屋和3號屋的女子說的都是真話，因此不在2號屋內；假設珍珠在3號屋內，那麼只有1號屋的女子說的是真話，因此，珍珠在3號屋裡內。

80. 美國「A字頭」電子商務企業題：
為什麼張先生是A隊的 (Team A)

有一天，學校的學生在做遊戲，A隊只准說真話、B隊只准說假話；A隊在講台西邊，B隊在講台東邊。這時，叫講台下的一個學生上來判斷一下，從A、B兩隊中選出的一個人——張先生，看他是哪個隊的。這個學生從A或B隊中任意抽出了一個隊員去問張先生是在講台的西邊而是東邊叫其中一個隊員的人去問張先生是在講台西邊還是東邊。這個隊員回來說，張先生說他在講台西邊。這個學生馬上判斷出來張先生是A隊的，為什麼？

81. 韓國「現記」汽車公司題：
打碎了多少個陶瓷瓶 (Bottle problem)

一個陶瓷公司要給某地送2000個陶瓷花瓶，於是就找一個運輸公司運陶瓷花瓶。運輸協議中是這樣規定的：

（1）每個花瓶的運費是1元；

（2）如果打碎1個，不但不給運費，還要賠償5元。

最後，運輸公司共得運費1760元。那麼，這個運輸公司在運送的過程中打碎了多少個陶瓷花瓶？

82. 美國「A字頭」電子商務企業題：
分蘋果 (Apple problem)

媽媽要把72個蘋果給分兄弟兩人，她的分法是這樣的：

（1）第一堆的2/3與第二堆的5/9分給了哥哥；

（2）兩堆蘋果餘下的共39個蘋果分給了弟弟。

那麼，這兩堆蘋果分別有多少個呢？

80. 為什麼張先生是A隊的

若這個人是B隊的，則找到的人是A隊的，那人會說在講台西，而這個人會說在東；若這個人是A隊的，找到的是A隊的，會說在西，若這個人是A隊的，找到的是A隊的，會說在西；若找到B隊的，他會說在西，結果還是說西，所以只要說西，這人一定是講真話那一隊的。

81. 打碎了多少個陶瓷瓶

假設這些陶瓷花瓶都沒有破，安全到達了目的地，那麼，運輸公司應該得到2000元的運費，但是運輸公司實際得了1760元，少得了2000 1760=240元。說明運輸公司在運送的過程中打碎的有花瓶，打碎一個共瓶，會少得運費1+5=6元，現在總共少得運費240元，從中可以得到一共打碎了240/6=40個花瓶。

82. 分蘋果

第一堆蘋果有45個，第二堆蘋果有27個。假設第一堆蘋果與第二堆蘋果的5/9都分給了哥哥，那麼哥哥所得的蘋果就是總蘋果數的5/9，這樣哥哥就分到72*5/9=40個蘋果，但實際哥哥分到了72 39=33個蘋果，由此推斷分給哥哥的蘋果，第一堆蘋果少分的是第一堆蘋果的5/9 2/3，正好與40 33=7個相對應。因此，第一堆蘋果有（40 33）*（5/9 2/3）=45個，第二堆蘋果有72 45=27個。

83. 德國「西記」電子集團題：
奇怪的兩姐妹 (Two sisters)

有一個人在一個森林裡迷路了，他想看一下時間，可是又發現自己沒帶表。恰好他看到前面有兩個小女孩在玩耍，於是他決定過去打聽一下。更不幸的是這兩個小女孩有一個毛病，姐姐上午說真話，下午就說假話，而妹妹與姐姐恰好相反。但他還是走近去他問她們：「你們誰是姐姐？」胖的說：「我是。」瘦的也說：「我是。」他又問：現在是什麼時候？胖的說：「上午。」「不對」，瘦的說：「應該是下午。」這下他迷糊了，到底他們說的話是真是假？

84. 日本「H字頭」汽車公司題：
玩撲克 (Poker problem)

Jack夫婦請了Tom夫婦和Henry夫婦來他們家玩撲克。這種撲克遊戲有一種規則，夫婦兩個不能一組。Jack跟Lily一組，Tom的隊友是Henrry的妻子，Linda的丈夫和Sara一組。那麼這三對夫婦分別為：

A. Jack-Sara，Tom-Linda，Henry-Lily

B. Jack-Sara，Tom-Lily，Henry-Linda

C. Jack-Linda，Tom-Lily，Henry-Sara

D. Jack-Lily，Tom-Sara，Henry-Linda

83. 奇怪的兩姐妹

假設是下午,那麼瘦的說的就是真話,但是到底誰是姐姐就無法確定了。所以不可能是下午。那麼就是上午,此時姐姐說真話,而胖的說是上午,所以胖的是姐姐,瘦的是妹妹。

84. 玩撲克

B。因為遊戲規則是「夫婦兩個不能一組」,同樣的,「沒有一個女人同自己的丈夫一組」。

對照以上原則,已知Jack跟Lily一組,所以Jack和Lily不能是夫妻,D選項不符合題意。

再假設A正確,Jack跟Lily一組,那麼剩下的兩組只能是Tom和Sara,Henry和Linda,對照題目已知「Tom的隊友是Henry的妻子」發現,Tom的隊友Sara是Jack的妻子,於是假設不成立,A不符合題意。

同樣的道理,假設B正確,已知Jack跟Lily一組,剩下的兩組就是Tom和Linda,Henry和Sara,再對照已知「Tom的隊友是Henry的妻子」和「Linda的丈夫和Sara一組」發現完全吻合,因此假設成立,B符合題意。

假設C成立,那麼已知Jack跟Lily一組,剩下的兩組就是Tom和Sara,Henry和Linda,再對照已知條件「Tom的隊友是Henry的妻子」發現,Sara不是Henry的妻子。因此,假設不成立,選項C不合題意。

85. 韓國「S字頭」科技公司題：
幼兒園裡有多少小朋友
(How many children are there in the kindergarten?)

老師讓幼兒園的小朋友排成一行，然後開始發水果。老師分發水果的方法是這樣的：

從左面第一個人開始，每隔2人發一個梨；從右邊第一個人開始，每隔4人發一個蘋果。如果分發後的結果有10個小朋友既得到了梨，又得到了蘋果，那麼這個幼兒園有多少個小朋友？

86. 德國「B字頭」汽車公司題：
誰是冠軍？ (Who is the champion?)

電視上正在進行足球世界杯決賽的實況轉播，參加決賽的國家有美國、德國、巴西、西班牙、英國、法國六個國家。足球迷的李鋒、韓克、張樂對誰會獲得此次世界杯的冠軍進行了一番討論：

韓克認為，冠軍不是美國就是德國；張樂堅定的認為冠軍決不是巴西；李鋒則認為，西班牙和法國都不可能取得冠軍。比賽結束後，三人發現他們中只有一個人的看法是對的。那麼哪個國家獲得了冠軍？

85. 幼兒園裡有多少小朋友

158個小朋友。10個小朋友拿到梨和蘋果最少人數是（2+1）×（4+1）×（101）+1=136人，然後從左右兩端開始向外延伸，假設梨和蘋果都拿到的人為「1」，左右兩邊的延伸數分別為：3×5-3=12人，3×5-5=10人。所以，總人數為136+12+10=158。

86. 誰是冠軍？

先假設韓克正確，冠軍不是美國就是德國；如果正確的話，不能否定張樂的看法，所以韓克的評論是錯誤的，因此冠軍不是美國或者德國；如果冠軍是巴西的話，韓克的評論就是錯誤的，張樂的評論也就是錯誤的。李鋒的評論就是正確的。假設法國是冠軍，那麼韓克就說對了，同時張樂也說對了，而這與「只有一個人的看法是對的」相矛盾。所以英國不可能是冠軍，巴西獲得了冠軍。

87. 日本「Ｈ字頭」汽車公司題：
甲是哪個部落的人 (Tribe problem)

有一個人到墨西哥探險，當他來到一片森林時，他徹底迷路了，即使他拿著地圖也不知道該往哪走，因為地圖上根本就沒有標記出這一地區。無奈，他只好向當地的土著請求幫助。但是他想起來在曾有同事提醒他：

這個地區有兩個部落，而這兩個部落的人說話卻是相反的，即A部落的人說真話，B部落的人說假話。恰在這時，他遇到了一個懂英語的當地的土著甲，他問他：「你是哪個部落的人？」甲回答：「A部落。」於是他相信了他。但在途中，他們又遇到了土著乙，他就請甲去問乙是哪個部落的。甲回來說：「他說他是A部落的。」忽然間這個人想起來同事的提醒，於是他奇怪了，甲到底是哪個部落的人，A還是B？

88. 美國「聯記」健康集團題：
買賣衣服 (Buying and selling clothes)

瑪莉花90元買了件衣服，她腦子一轉，把這件衣服120元賣了出去，她覺得這樣挺劃算的，於是又用100元買進另外一件衣服，原以為會150元賣出，結果賣虧了，90元賣出。問：你覺得瑪莉是賠了還是賺了？賠了多少還是賺了多少？

87. 甲是哪個部落的人

假設他是 B 部落的，則與他不認識的乙則為 A 部落的，則甲說假話，那麼甲回來說的：「他說他是 A 部落的人」這句話應該反過來理解為：乙是 B 部落的，這就矛盾了；假定甲是 A 部落的，則他的話為真，並且與他不認識的乙應該是 B 部落的，那麼乙說的就是假話。所以甲回來說：「他說他是 A 部落的人」，正好證明乙是 B 部落的，因此這個假設成立。所以甲是 A 部落的。

88. 買賣衣服

第一步：瑪莉花了 90 元買了一件衣服，結果 120 元賣出，此時她賺了 120-90=30 元；

第二步：瑪莉又花了 100 元買了另外的衣服，90 元賣出，此時她賺的錢是 90-100=-10 元，說明這次她賠了 10 元，這裡的 150 元是幹擾的數字；

第三步：第一步瑪莉賺了 30 元，但第二步她賠了 10 元，所以賺的錢數是 30-10=20 元。

總的來說瑪莉還是賺了，並且賺了 20 元。

89. 美國「C字頭」能源公司題：
數數目 (Number problem)

雞媽媽領著自己的孩子出去覓食，為了防止小雞丟失，她總是數著，從後向前數到自己是8，從前向後數，數到她是9。雞媽媽最後數出來她有17個孩子，可是雞媽媽明明知道自己沒有這麼多孩子。那麼這隻糊塗的雞媽媽到底有幾個孩子呢？雞媽媽為什麼會數錯？

90. 美國「雙交叉」石油公司題：
分桃 (Peach)

幼兒園的老師給三組小孩分桃子，如只分給第一組，則每個孩子可得7個；如只分給第二組，則每個孩子可得8個；如只分給第三組，則每個孩子可得9個。

老師現在想把這些蘋果平均分別三組的孩子，你能告訴她要每個孩子分幾個嗎？

91. 美國「M字頭」科技公司題：
彈珠有多少？
(How many marbles are there?)

天天跟甜甜一塊到草地上玩彈珠，天天説：「把你的彈珠給我2個吧，這樣我的彈珠就是你的3倍了。」甜甜對天天説：「還是把你的彈珠給我2個吧，這樣我們的彈珠就一樣多了。」分析一下，天天跟甜甜原來各有多少個彈珠？

89. 雞媽媽數數

第一步：此時雞媽媽數數是從後向前數，數到她自己是8，說明她是第八個，她的後面有7隻小雞；

第二步：雞媽媽又從前往後數數，數到她她自己是9，說明她前面有8隻小雞；

第三步：雞媽媽的孩子總數應該是15，而不是17，雞媽媽數錯的原因是她數了兩次都把她自己數進去了。

90. 分桃子

設有N個桃子，一組X個孩子，二組Y個孩子，三組Z個孩子，則有N/X=7，N/Y=8，N/Z=9。由上式知道桃子數量是7、8、9的公倍數；然後算出最小公倍數504，分別除以7、8、9，得出小組的數量比：72：63：56；最後用504除以7、8、9的和，得出每個孩子分到的桃是21個。

91. 彈珠有多少？

第一步：先假設天天有彈珠x個，甜甜有彈珠y個

第二步：由天天的話可以得到x+2=3y

第三步：由甜甜的話可以得到x2=y

第四步：解兩個式子得x=4，y=2即為答案

92. 美國「G字頭」汽車公司題：開燈 (Turn on the light)

媽媽跟小軍一塊去逛街，回來後天已經黑了，媽媽叫小軍開燈，小軍想捉弄一下媽媽，連拉了7次燈，猜猜小軍把燈拉亮沒？如果拉20次呢？25次呢？

93. 德國「V字頭」汽車集團題：買飲料 (Buy a drink)

小李有40元錢，他想用他們買飲料，老闆告訴他，2元錢可以買一瓶飲料，4個飲料瓶可以換一瓶飲料。那麼，小李可以買到多少瓶飲料？

94. 美國「C字頭」能源公司題：年齡各是多少？ (What is the age?)

一個家庭有4個兒子，把這四個兒子的年齡乘起來積為15，那麼，這個家庭四個兒子的年齡各是多大？

95. 日本「H字頭」電器公司題：頭巾的顏色 (Headscarf color)

有一隊人一起去郊游，這些人中，他們有的人戴的是藍色的頭巾，有的人戴的是黃色的頭巾。在一個戴藍色頭巾的人看來，藍色頭巾與黃色頭巾一樣多，而戴黃色頭巾的人看來，藍色頭巾比黃色頭巾要多一倍。那麼，到底有幾個人戴藍色頭巾，幾個人黃色頭巾？

92. 開燈

小軍拉第一次燈時燈已經亮了，再拉第二下燈就滅了，如果照此拉下去，燈在奇數次時是亮的，偶數次是關的，所以7次後燈是亮的，20次是關的，25次燈是亮的。

93. 買飲料

先用40元錢買20瓶飲料，得20個飲料瓶，4個飲料瓶換一瓶飲料，就得5瓶，再得5個飲料瓶，再換得1瓶飲料，這樣總共得20+5+1=26瓶。

94. 年齡各是多少？

把15分解因數，15=5*3*1*1 或15=15*1*1*1，因此，這個家庭4個兒子的年齡為5歲，3歲，1歲，1歲或者15歲，1歲，1歲，1歲。這4個兒子中，有可能有一對是雙胞胎，也有可能有三個是三胞胎。

95. 頭巾的顏色

由於每個人都看不到自己頭上戴的頭巾，所以，戴藍色頭巾的人看來是一樣多，説明藍色頭巾比黃色頭巾多一個，設黃色頭巾有X個，那麼，藍色頭巾就有X+1個。而每一個戴黃色頭巾的人看來，藍色頭巾比黃色頭巾多一倍。也就是説2（X1）=X+1，解得X=3。所以，藍色頭巾有4個，黃色頭巾有3個。

96. 美國「J字頭」銀行集團題： 買書 (Buy a book)

彼德和瑪莉一塊到書店去書，兩個人都想買《綜合習題》這本書，但錢都不夠，彼德缺少4.9元，瑪莉缺少0.1元，用兩個人合起來的錢買一本，但是錢仍然不夠，那麼，這本書的價格是多少呢？

97. 美國「M字頭」藥業集團題： 時鐘上三針什麼時候重合？ (Clock problem)

在一天（包括白天和黑夜）當中，鐘表的三根針能夠重合嗎？什麼時候重合？

98. 德國「B字頭」汽車公司題： 付費 (Bill problem)

某人租了一輛車從城市A出發，去城市B，在途中的一個小鎮上遇到了兩個熟人，於是三人同行。三人在城市乙呆了一天準備回城市甲，但是他的朋友甲決定在他們相遇的那個小鎮下車，朋友乙決定跟他回城市A，他們用AA制的方式各付費用。從城市A到城市B往返需要40塊錢，而他們相遇的小鎮恰是AB兩城的中點。三個人應怎麼付錢呢？

96. 買書

這本書的價格是4.9元。彼德口袋裡就沒有錢，瑪莉口袋裡有4.8元。

97. 時鐘上三針什麼時候重合？

假設三針完全重合的時間是a+b小時，此時的時針，分針，秒針的角度(與12點方向的順時針夾角)相等。先考慮時針與分針重合的情況：時針1小時走過30度，分針1分鐘走過6度，可列出方程 (a+b)30=b*60*6，330b=30ab=a/11(a=0，1，2，3 ⋯. 10)當b=1，相當於12點，這時是時針開始走第2圈了。將b小時換成分鐘，是60a/11分，

a=0時，0時0分0秒，重合；

a=1時，60/11分 =5分300/11秒，不重合；

a=2時，120/11分 =10分600/11秒，不重合；

a=3時，80/11分 =16分240/11秒，不重合；

a=4時，240/11分 =21分540/11秒，不重合；

a=5時，300/11分 =27分180/11秒，不重合；

a=6時，360/11分 =32分480/11秒，不重合；

a=7時，420/11分 =38分120/11秒，不重合；

a=8時，480/11分 =43分420/11秒，不重合；

a=9時，540/11分 =49分60/11秒，不重合；

a=10時，600/11分 =54分360/11秒，不重合。所以一天24小時(從0時0分0秒到23時59分59秒)中完全重合2次，分別是0時0分0秒和12時0分0秒。

98. 付費

由於三人相遇的小鎮恰是兩城市的中點，所以可以將旅游的這個人的旅程分為四段，朋友甲只走了兩段，朋友乙走了三段，此人則走了全程，往返兩城需要40元，三人走的總路程是9段，總費用均分到每段路程上，得一段費用是40/9元，進而得甲的費用是8.9元，乙的費用是13.3元，此人的費用就是17.8元。

99. 荷蘭「殼牌」石油公司題：種粟米 (Corn)

從前有一個地主，他僱用了兩個人給他種粟米。兩人中一人擅長耕地，但不擅長種粟米，另一人恰相反，擅長種粟米，但不擅長耕地。地主讓他們種20畝地的粟米，讓他倆各包一半，於是工人甲從北邊開始耕地，工人乙從南邊開始耕地。甲耕一畝地需要40分鐘，乙卻得用80分鐘，但乙的種粟米的速度比甲快3倍。種完粟米後地主根據他們的工作量給了他們20兩銀子。問，倆人如何分這20兩銀子才算公平？

100. 德國「B字頭」汽車公司題：蝸牛爬行 (Snail crawling)

話說一百隻蝸牛因為洪災而同時被困在了一根1m長的木棍上，蝸牛一分鐘能爬1cm，爬行時如果兩隻蝸牛相遇的話就會掉頭繼續爬。那麼，要讓所有的蝸牛都掉進水裡，要多長時間？

101. 法國「A字頭」保險公司題：酒鬼傳說 (Wine problem)

某酒店啤酒每瓶2元，為了促銷，酒店推出以下優惠政策：
2個空瓶可兌換1瓶啤酒，4個瓶蓋可兌換1瓶啤酒。
問：如果小明帶了10元，最多可以喝到多少瓶啤酒？

102. 美國「A字頭」電子商務企業題：
知道還是不知道？ (Do you still know?)

A和B的額頭上各寫了一個數字。已知這兩個數字都是大於1的正整數，且兩數的大小相差為1，現在假設兩人面對面站立，雙方只能看到對方額頭上的數字，而無法看到自己額頭上的數字。現假設兩人都足夠聰明，以下是兩人的對話：

A：「你知道自己額頭上寫的是什麼數字嗎？」

B：「不知道。」

A：「我也不知道。」

B：「我還是不知道。」

A：「我現在知道了。」

B：「我也知道了。」

根據上面的對話，請問兩人的額頭上分別寫的是什麼數字？

99. 種粟米

很多人看到此題都會立刻下筆運算，但仔細審題你會發現地主是讓他倆各包一半，當然工作量就是一人一半，工錢是與工作量有關的，這與他們的工作速度並無關係，工錢自然均分，所以一人10兩銀子。

100. 蝸牛爬行

由於蝸牛的爬行速度都是一樣的，所以如果兩只蝸牛相遇然後掉頭走的話，相當於兩只蝸牛互不理睬繼續向前爬。所以最壞的情況就是相當於一只蝸牛從木棒的一頭走到另一頭，時間就是100s。

101.酒鬼傳說

正常人的解題思路：

10元可以買5瓶啤酒，然後把酒喝掉，用剩下的空酒瓶和瓶蓋來換啤酒回來，以此類推：

第一步：10元買5瓶啤酒，喝完。

【啤酒】=5

【空瓶】=5

【瓶蓋】=5

第二步：拿4個空瓶和4個瓶蓋去換酒。4個空瓶換2瓶啤酒，4個瓶蓋換1瓶啤酒，共換3瓶啤酒回來。喝完後，手中物品的變化為：

【啤酒】+3 【空瓶】-4+3 【瓶蓋】-4+3

【啤酒】=8 【空瓶】=4 【瓶蓋】=4

第三步：再拿4個空瓶和4個瓶蓋去換酒。4個空瓶換2瓶啤酒，4個瓶蓋換1瓶啤酒，共換3瓶啤酒回來。喝完後，手中物品的變化為：

【啤酒】+3　【空瓶】-4+3　【瓶蓋】-4+3

【啤酒】=11　【空瓶】=3　【瓶蓋】=3

第四步：再拿2個空瓶換1瓶啤酒回來。喝完後，手中物品的變化為：

【啤酒】+1　【空瓶】-2+1　【瓶蓋】+1

【啤酒】=12　【空瓶】=2　【瓶蓋】=4

第五步：再拿2個空瓶和4個瓶蓋去換酒，2個空瓶換1瓶啤酒，4個瓶蓋換1瓶啤酒，共換2瓶啤酒回來。喝完後，手中物品的變化為：

【啤酒】+2　【空瓶】-2+2　【瓶蓋】-4+2

【啤酒】=14　【空瓶】=2　【瓶蓋】=2

第六步：再拿2個空瓶換1瓶啤酒回來。喝完後，手中物品的變化為：

【啤酒】+1　【空瓶】-2+1　【瓶蓋】+1

【啤酒】=15　【空瓶】=1　【瓶蓋】=3

好了，到現在為止，小明手中現有的物品，不論是空酒瓶還是酒瓶蓋，都不能再進行兌換啤酒了。

因此，答案是：小明最多可以喝15瓶啤酒。但是，真的沒有辦法再換到更多的啤酒了嗎？

第七步：為什麼是第七步呢？就是正常人做完第六步以後，就覺得已經結束了，但是實際上我們還可以想辦法去多換啤酒。什麼辦法呢？去借。

沒錯，去借。找誰借？找誰借都行！因為這畢竟是虛擬的題目，不是現實生活，所以隨便假想個人去借就好了。

我們現在去找人借1個空酒瓶，再借1個酒瓶蓋。

那麼現在手中物品的變化為：（記住，我們有債務在身的）

【啤酒】不變　【空瓶】+1　【瓶蓋】+1

【啤酒】=15　【空瓶】=2　【瓶蓋】=4

好了，現在又可以拿著手中2個空酒瓶和4個酒瓶蓋去兌換2瓶啤酒了。喝完後，手中的物品變化為：（債務：空酒瓶1個，酒瓶蓋1個）

【啤酒】+2　【空瓶】-2+2　【瓶蓋】-4+2

【啤酒】-17　【空瓶】=2　【瓶蓋】=2

這時候先不要急於償還自己的債務。因為你還可以兌換！先拿2個空酒瓶去兌換1瓶啤酒再說。

喝完後，手中的物品變化為：（債務：空酒瓶1個，酒瓶蓋1個。）

【啤酒】+1　【空瓶】-2+1　【瓶蓋】+1

【啤酒】=18　【空瓶】=1　【瓶蓋】=3

這時候，你還不用急著去償還債務，相反，再去借一個酒瓶蓋來。這時手中的物品變為：（債務：空酒瓶1個，酒瓶蓋2個。）

【啤酒】不變　【空瓶】不變　【瓶蓋】+1

【啤酒】=18　【空瓶】=1　【瓶蓋】=4

現在又可以拿4個酒瓶蓋去換1瓶啤酒了。

先喝完再說，此時手中的物品變化為（債務：空酒瓶1個，酒瓶蓋2個）

【啤酒】+1　【空瓶】+1　【瓶蓋】-4+1

【啤酒】=19　【空瓶】=2　【瓶蓋】=1

這時候又有了2個空酒瓶，又可以換1瓶啤酒回來了。再把啤酒喝完，此時手中的物品變化為：（債務：空酒瓶1個，酒瓶蓋2個。）

【啤酒】+1　【空瓶】-2+1　【瓶蓋】+1

【啤酒】=20　【空瓶】=1　【瓶蓋】=2

好了，到目前為止，我們已經喝了20瓶啤酒，而且手中還剩下1個空的啤酒瓶和2個酒瓶蓋。

還記得我們身上背負著的債務嗎？債務正好是空酒瓶1個，酒

瓶蓋2個。不管你從誰哪裡借來的，還回去正好。

因此本題的答案是：最多可以喝到20瓶啤酒。

這次我們雖然得到了正確答案，但卻不是最佳的解題思路。不信你接著往下看。

而獲得最多酒的答案是這樣的，我們要重新開始：

第一步：我們買5瓶啤酒回來，此時手中的物品為：

【啤酒】=5 【空瓶】=5 【瓶蓋】=5

喝完後，不要急於去兌換，先找人借15個空酒瓶和15個酒瓶蓋。然後我們手中的物品有：（還有債務在身：15個空酒瓶和15個酒瓶蓋）

【啤酒】不變 【空瓶】+15 【瓶蓋】+15

【啤酒】=5 【空瓶】=20 【瓶蓋】=20

這時候，我們可以抱著一大堆的空酒瓶和酒瓶蓋去兌換啤酒了。能兌換多少呢？

20個空酒瓶可以兌換10瓶啤酒，20個酒瓶蓋可以兌換5瓶啤酒。所以，本次一共可以兌換15瓶啤酒。

把15瓶酒啤酒全邰喝完，這時候手巾的物品為：（還有債務在身：15個空酒瓶和15個酒瓶蓋。）

【啤酒】+15 【空瓶】-20+15 【瓶蓋】-20+15

【啤酒】=20 【空瓶】=15 【瓶蓋】=15

因此只需要一步，就可以直接達到剛才的最後一步了。我們手中剩餘的空酒瓶和酒瓶蓋的數量，正好和我們身上背負的債務的數量完全相等。把債務還清了，就可以宣布此題的答案：最多可以喝到20瓶啤酒。

102. 知道還是不知道？

這看上去完全不知道雙方在說什麼，然後各自就知道答案了。但實際我們仔細分析這道題目的時候，這道題目有個前提，就是「假定A和B都足夠聰明」。

以下我們所有的推理都建立在這個前提之上，否則就不可能找到答案了。

這道題目有個前提，就是：「假定A、B兩人都足夠聰明」。

以下我們所有的推理都建基在這個前提之上，否則就不可能找到答案了。

首先，A問B：「你知道自己額頭上寫的是什麼數字嗎？」

根據題目已知條件，我們知道A的額頭上不可能是「1」，最小應該是「2」。所以，如果A的額頭上的數字是「2」，那麼B就應該知道自己額頭上的數字一定是「3」（兩數大小相差1），因為與「2」相差1的數字只有「1」和「3」。

因此，當B回答說「不知道」時，可以判定A的額頭上的數字不是「2」，但能不能判定B的額頭上的數字一定不是「3」呢？還不能，因為當A額頭上的數字是「4」的時候，B的額頭上也可以是「3」。

同理，當A說「我也不知道」時，就可以斷定B額頭上的數字也不是「2」，否則A就可以斷定自己額頭上的數字是「3」了。同時，我們還可以得出一個結論：A額頭上的數字不是「3」。

到目前為止，其實題目回到了起點，只是已知條件改變了，就是：雙方額頭上的數字都大於「3」。

於是，當B說「我還是不知道」時就可推理出：A額頭上的數字不是「4」。

但這時候B額頭上的數字可能是「5」（因為當A額頭上的數字為「6」時，B額頭上的數字也可以是「5」）。

所以，當Ａ説「我現在知道了」時，可以得出Ｂ額頭上的數字就是「5」，於是Ａ推出自己額頭上的數字為「6」（前面已經推出不可能是「4」）

所以，最後Ｂ説「我也知道了」，得出Ｂ額頭上的數字為「5」。

類似的題目有很多，我們推理這樣的題目的一個前提是「假定兩人都是足夠聰明」，否則將推理不出答案。

103. 日本「N字頭」汽車公司題：
帽子的顏色 (Hat color)

這是非常有名的一道推理題。在一個房間裡有很多人（至少10個），主持人把所有人的眼睛都蒙上，然後給每人頭上戴上一頂帽子。（每人都只能看到別人帽子的顏色，卻看不到自己帽子的顏色），帽子分黑和白兩種顏色。

已知所有帽子中至少有1頂帽子是黑色。現在假設所有人都足夠聰明，以下是主持人的問話和大家的反應：

主持人：「哪位朋友認為自己戴的是黑帽子，請舉手！」

沒有人舉手。

主持人又問：「現在哪位朋友認為自己戴的是黑帽子，請舉手！」

仍然沒有人舉手。

主持人第三次問：「這一次哪位朋友認為自己戴的是黑帽子，請舉手！」

結果很多人舉手了。

請問：房間裡有多少人戴的是黑色的帽子？

同樣，此道題有個前提，就是「假設所有人都足夠聰明」。

104. 美國「雙交叉」石油公司題：
黑紅手絹 (Black red handcuffs)

有一個班的學生在元旦時開了一個聯歡晚會。其中有一個遊戲環節需要全場的同學都參與。班長給每個人背上都掛了一個手絹，手絹只有黑紅兩種顏色，其中黑色的手絹至少有一頂。每個人都看不到自己背上究竟是什麼顏色的手絹，只能看到別人的。班長讓大家看看別人背上的手絹，然後關燈，如果有人覺得自己的手絹是黑色的，就咳嗽一聲。第一次關燈沒有反應，第二次關燈依然沒有反應，但第三次關燈後卻聽到接連不斷的咳嗽聲。你覺得此時至少有多少人背上是黑手絹？

105. 德國「西記」電子集團題：
買玩具 (Buy toys)

有六個小朋友去玩具店裡買玩具，他們分別帶了14元、17元、18元、21元、25元、37元錢，到了玩具店裡，他們都看中了一款遊戲機，一看定價，這六個人都發現自己所帶的錢不夠，但是其中有3個人的錢湊在一起正好可買2台，除去這3個人，有2人的錢湊在一起恰好能買1台。那麼，這款遊戲機的價格是多少呢？

106. 美國「A字頭」電子商務企業題：
算燈籠 (Counting lantern)

國慶期間，有一家酒店為了炫耀自己的豪華，在酒店的大廳裡裝了許多的燈籠。其中一種裝法是一盞燈下一個大燈籠兩個小燈籠，另一種是一盞燈下一個大燈籠四個小燈籠。大燈籠共有360個，小燈籠有1200個。你覺得這家酒店的大廳裡兩種燈各有多少盞？

103. 帽子的顏色

此道題有個前提，就是「假定所有人都足夠聰明」。

根據已知條件：「至少有1頂黑帽子」，我們開始推理。

如果房間裡只有1頂黑帽子，那麼房間裡肯定有一個人看到的全是白帽子（自己的帽子是黑的，但是自己看不到）。當主持人第一次問話時，應該有一個人舉手（別忘了前提是「所有人都足夠聰明」）。第一次問話沒有人舉手，說明黑帽子數量不是1。好了，現在已知條件已經變成：至少有2頂黑帽子。

如果房間裡有2頂黑帽子，那麼肯定有2個人看到房間裡有一頂黑帽子（自己的也是黑的，但看不到自己的），這時當主持人問話時，應該有兩個人舉手，但仍然沒有人舉手，說明房間裡至少有3頂黑帽子。

那麼，現在已知條件變成：至少有3頂黑帽子。

我們按上面的邏輯繼續推理。如果房間裡有3頂黑帽子，那麼肯定有3個人看到房間裡有2頂黑帽子。當主持人第三次問話時，有人舉手了，所以應該有3個人舉手。

因此答案是：房間裡有3個人戴的是黑帽子。

104. 黑紅手絹

假如只有一個人背上是黑手絹，那麼這個人在第一次開燈時就會咳嗽的，事實上他沒有，所以不止一個人背上是黑手絹；如果是兩個黑手絹，那麼在第二次關燈時就該有兩人咳嗽，結果仍沒有，說明背上是黑手絹的人要多於兩人。第三次關燈時有人咳嗽，說明此時最少有三個人發現自己背是是黑手絹，所以他們會咳嗽。所以至少有三人背上是黑手絹。

105. 買玩具

既然兩個人的錢湊在一起可以買1台，那證明這款遊戲機的
價格是整數。有3個人的錢湊在一起可以買2台，除去這3個
人，還有2個人的錢湊在一起能買1台，證明這5個人的錢
一共能買3台。6個人的總錢數是132元。也就是說132減去
一個人的錢數應該能被3整除。那麼132只能減18或者21。
(13218)/3=38， 而14，17，21，25，27中 的17和21組 合
能組成38，滿足題目的要求。同理，另外一種情況不滿足題
意，所以這款遊戲機的價格是38元。

106. 算燈籠

這是雞兔同籠的變形。一個大燈籠兩個小燈籠的燈當是
雞，一個大燈籠四個小燈籠的燈當是兔。(360*41200)/(42）
=240/2=120(一大二小燈的盞數)360120=240（一大四小
燈的盞數），然後可設每一種燈為x，另一種燈為y，則有
x+y=360；2*x+4*y=1200；解得：x=120，y=240。

107. 法國「巴記」銀行集團題：
僕人做工 (Servant problem)

一個人在一個大戶人家裡做僕人。大戶人家的主人給僕人一根3尺長，寬厚均為1尺的木料，讓僕人把這塊木料做成木柱。僕人就把這塊木料放到稱上稱了一下，知道這塊木料重3千克kg，即將做成的木柱只重2kg。於是僕人從方木上砍去1立方尺的木材，但主人認為僕人這樣做不合理。僕人該怎麼向主人解釋呢？

108. 德國「V字頭」汽車集團題：
各有多少把傘
(How many umbrellas are there?)

有紅黃藍三種傘共160把，如果取出紅傘的1/3，黃傘的1/4，藍傘的1/5，則剩120把。如果取出紅傘的1/5，黃傘的1/4，藍傘的1/3，則剩下116把。請問，這三種傘原來各有多少？

109. 美國「J字頭」銀行集團題：
包裝書 (Packing book)

彼德要把7本長40cm、寬30cm、厚5cm的書籍包在一起。請你告訴她她至少要包裝紙多少平方厘米？

110. 美國「Ａ字頭」電子商務企業題：
鐘表匠裝表 (Watchmaker)

有一個老鐘表匠很粗心，有一次，他給一個教堂安裝鐘表。結果他由於粗心把鐘表的短針和長針裝反了，短針走的速度反而是長針的12倍。由於裝的時候是上午6點，鐘表匠把短針指在「6」上，長針指在「12」上。裝過後，鐘表匠就回家了。結果細心的市民發現鐘表這會兒還是7點，沒過一會兒就8點了。人們通知鐘表匠過來看看。鐘表匠比較忙，就說下午去看看，等鐘表匠趕到的時候已經是下午7點多鐘。鐘表匠看教堂的時間也不錯，就回家了。但鐘表依舊8點、9點的走，人們又去找鐘表匠。鐘表匠第二天早晨8點多趕來用表一對，仍舊沒錯。請你思考一下他對表的時候是7點幾分和8點幾分？

111. 瑞士「Ｎ」字頭食品集團題：
冰與水 (Ice and water)

在我們很小的時候，就明白了「熱脹冷縮」的道理；但是有一種很特別的物質卻並不遵循這個道理，那就是水，有時候它是「熱脹冷縮」。經過多次的實驗得出結論：

當水結成冰時，其體積會增長1/11，以這個為參考，你知道如果冰融化成水時，其體積會減少多少嗎？

107. 僕人做工

僕人可以做一個箱子，保證箱子內部的尺寸與最初的方木相同，然後將雕刻好的木柱放入箱子內，再向箱子裡加入沙土，直至把箱子完全填實，並且使箱內沙土與箱口齊平。之後木匠可以輕輕將木柱取出，保證不帶出沙粒，再把箱內的沙土搗平，量出剩餘的深度為1尺，即木柱所占的空間為2立方尺。即證明僕人砍的沒錯。

108. 各有多少把傘

第一步：160120=40，紅傘的1/3，黃傘的1/4，藍傘的1/5共40把，160116=44，紅傘的1/5，黃傘的1/4，藍傘的1/3共44把，4440=4，所以藍傘的1/31/5與紅傘的1/31/5的差是4把，4÷(1/31/5)=30，則藍傘與紅傘的差是30把；

第二步：紅傘的2/3，黃傘的3/4，藍傘的4/5共120把，紅傘的4/5，黃傘的3/4，藍傘的2/3共116把，紅傘的2/3+4/5，黃傘的3/4+3/4，藍傘的2/3+4/5共120+116把，即紅傘的22/15，黃傘的3/2，藍傘的22/15共236把，紅傘+黃傘+藍傘=160，紅傘3/2+黃傘3/2+白傘3/2=160*3/2=240，(240236)÷(3/222/15)=120，藍傘與紅傘的和是120把；

第三步：(120+30)÷2=75藍傘，(12030)÷2=45紅傘，160120=40黃傘。

109. 包裝書

要把最大的面遮起來，40×30＝1200平方釐米，則包裝紙的面積至少為1200×5+40×5×7×5+30×5×7×5＝18250平方厘米。

110. 鐘表匠裝錶

設是x分，則得(7+x/60)/12=x/60，x=7*60/11=420/11=38.2，第一次是7點38分，第二次是（8+x/60）/12=x/60，x=8*60/11=480/11=43.6，所以第二次是8點44分，在計算過程中採用了四捨五入的方法。

111. 冰與水

當冰融化成水的時候，體積就會減少1/12；因為當體積為11的水結成冰時，體積會增加為12的冰，而體積為12的冰融化後會成為11的水，也就會減少1/12。

112. 美國「Ａ字頭」電話電報公司題：
買蔥 (Buying problem)

有一個人買蔥，大蔥1塊錢一斤，這人便跟賣蔥的商量，如果蔥葉那段每斤兩毛，蔥白每斤8毛並且分開秤的話他就全買了。賣蔥的一想反正自己不會賠錢，便答應了，結果卻發現賠了不少錢。你知道為什麼賣蔥人會賠錢嗎？我讓琳兒想了一下，在我的提醒下總算想明白了，如果分段買那麼1元錢可以買2斤蔥了，可到底什麼原因呢？

113. 日本「Ｔ記」汽車集團題：
狼與羊 (Wolf and sheep)

有一群狼，還有一群羊，一匹狼追上一隻羊需要十分鐘。如果一匹狼追一隻羊的話，剩下一匹狼沒羊可追，如果兩匹狼追一隻羊的話，那就有一隻羊可以逃生。問，十分鐘之後還會有多少隻羊？

114. 德國「Ｂ字頭」汽車公司題：
找零錢 (Looking for change)

有一個香港人旅游來到泰國，在一家商店看上了一家相機，這種相機在香港皮套和相機一共值3000港幣，可這家店主故意要410美元，而且他不要泰國銖，只要美元，更不要港幣。現在相機的價錢比皮套貴400美元，剩下的就是皮套的錢。這個香港人現在掏出100美元，請問他能夠買回這個皮套能嗎？

115. 法國「A字頭」保險公司題：
猜數字 (Guess the number)

小明的三個同學來找小明玩，小明說：「我們玩個遊戲吧。」其他三人表示同意。小明在他們三人的額頭上各貼了一個的紙條，紙條上均寫著一個正整數，並且有兩個數的和等於第三個。但他們三人都能看見別人的數卻看不見自己的數字。然後，小明問第一個同學：

你知道你的紙條上寫的是什麼嗎？同學搖頭，問第二個，他也搖頭，再問第三個，同樣搖頭，於是小明又從第一個問了一遍，第一個、第二個同學仍然不知道，問道第三個時他說：144！小明很吃驚。那麼，另外兩個數字是什麼呢？

116. 美國「波記」航空集團題：
賣西瓜 (Watermelon)

張先生和王先生經常在一起賣西瓜。一天，張先生家裡有點事，就把要賣的西瓜托付給王先生代賣。沒有賣之前，張先生和王先生的西瓜是一樣多的，但是，張先生的西瓜小一些，所以賣10元錢3個，王先生的西瓜大一些，所以賣10元錢2個。現在王先生為了公平，把所有的西瓜混在了一起，以20元錢5個出售。當所有的西瓜都賣完之後，張先生和王先生開始分錢，這時，他們發現錢比他們單獨賣少了20元。這是怎麼回事呢？張先生和王先生當時各有多少個西瓜呢？

112. 買蔥

假設賣蔥的一共有20斤大蔥，包括蔥白和蔥葉，所有的大蔥是一模一樣的。再假設一顆大蔥重一斤，蔥白8兩，蔥葉2兩，如果大蔥1元一斤的話，所有的大蔥可以賣20元，如果分開的話，蔥白可以賣0.8*0.8=0.64元，蔥葉0.2*0.2=0.04元，這是一顆大蔥分開賣的結果，20斤大蔥分開賣的話所得的錢數是0.64*20+0.02*20=12.8+0.4=13.2元，此數小於20，所以由此推理知道，分開賣的話賣蔥人是肯定賠的。

113. 狼與羊

這道題看似數學計算題，其實是邏輯思維題。答案是沒有一隻羊。

114. 找零錢

很多人看到此題都會認為皮套10美元，相機400美元，這樣看來相機確實比皮套貴400美元，但仔細看題會發現並非如此。假設皮套x元，則相機應該是400+x元，可得x+400+x=410，計算可得皮套為5美元，而非10美元，如果誤算的話就會多出5美元。100美元就應找95美元。

115. 猜數字

小明第一次問的時候沒有人知道，說明任何兩個數都是不同的。問第二次的時候，前兩個人還不知道，說明沒有一個數是其他數的兩倍。於是得到：1. 每個數大於0；2. 兩兩不等；3. 這三個數中，每個數字可能是另外兩個數字之和或之差，假設是兩個數之差，即a-b＝144。這時1（a，b>0）和2（a！＝b）都滿足，所以要否定a＋b必然要使3不滿足，即a＋b＝2b，解得a＝b，不成立，所以不是兩數之差。因此是兩數之和，即a＋b＝144。第1、2都滿足了，必然要使3不滿足，即a－b＝2b，兩方程聯立，可得a＝108，b＝36。

116. 賣西瓜

如果1個西瓜10/3元和10/2元，那麼放在一起後，1個西瓜就是25/6元，但由於是以5個西瓜20元的價格出售的，也就是說1個西瓜4元，所以，每個西瓜損失了25/64=1/6元。現在損失了20元，所以，一共有20/（1/6）=120個西瓜，每個有120個。

117. 美國「雙交叉」石油公司題：
小超市的鬧鐘 (Alarm clock)

張先生在一個小超市買了一些東西。他離開的時候發現超市的鐘指向 11 點 50 分，回到家，家裡的鐘已是 12 點 5 分，但張先生發現他還有一些重要的東西沒有買，於是，他就以同一速度返回小超市。到超市時發現超市的時鐘指向 12 點 10 分。家裡的鐘是非常準確的，那麼小超市的時鐘是快還是慢？

118. 美國「M字頭」科技公司題：
有多少人迷路
(How many people are lost)

有 9 個人在沙漠裡迷了路，他們所有的糧食只夠這些人吃 5 天。第二天，這 9 個人又遇到了一隊迷路的人，這一隊人已經沒有糧食了，大家便算了算，兩隊合吃糧食，只夠吃 3 天。那麼，第二隊迷路的人有多少呢？

119. 美國「G字頭」汽車公司題：
兩人賽跑 (Running problem)

一個男生和一個女生在一起賽跑，當男生到達 100m 終點線的時候，女生才跑到 90m 的地方。現在如果讓男生的起跑線往後退 10m，這時男生和女生再同時起跑，那麼，兩個人會同時到達終線嗎？

120. 美國「J字頭」銀行集團題：
免費的餐飲 (Free dining)

在一個家庭裡面有5口人，平時到周末的時候，這家人總是會去一家高檔酒店吃飯。吃了幾次，這家人就提議讓老闆給他們點優惠，免費送他們一餐。聰明的老闆想了想，說道：「你們這一家人也算是這裡的常客，只要你們每人每次都換一下位子，直到你們5個人的排列次序沒有重複的時候為止。到那一天之後，別說免費給你們送一餐，送10餐都行。怎麼樣？」那麼，這家人要在這個酒店吃多長時間飯才能讓老闆免費送10餐呢？

121. 韓國「現記」汽車公司題：
密碼遊戲 (Password)

有兩個好朋友一起玩遊戲，甲讓乙看了一下卡片，卡片上寫著「桔橙香蕉梨」，意思是「星期六遊樂場碰面」而另一張卡片上寫著「橙李獼猴桃」，意思是「我們遊樂場玩耍」然後又讓他看了一下最後一張卡片，上面寫著「栗子桔火龍果」，意思是「星期六遊樂場玩耍」，那麼「香蕉梨」的意思是什麼？

122. 美國「G字頭」電氣公司題：
稱重 (Weighing problem)

有4頭豬，這4頭豬的重量都是整千克數，把這4頭豬兩兩合稱體重，共稱5次，分別是99、113、125、130、144，其中有兩頭豬沒有一起稱過。那麼，這兩頭豬中重量較重那頭有多重？

117. 小超市的鬧鐘

小超市的鐘慢了5分鐘。

118. 有多少人迷路

這9個人遇到第二隊人的時候已經吃掉了1天的糧食，所剩下的只夠這9個人自己再吃4天，但第二隊加入後只能吃3天，也就是說第二隊在3天內吃的食物等於9個人一天的糧食，因此，第二隊有3個人。

119. 兩人賽跑

男生和女生的速度之比為10比9。當男生跑110m，女生跑90米時，兩人所用的時間比為（110/100）比（100/90），也就是99比100。所以，兩個人不會同時到達終點線，男生用的時間少一些，比女生先到。

120. 免費的餐飲

每次換一下位子，第一個人有5種坐法，第二個人有4種坐法，第三個人有3種坐法，第四個人有2種坐法，第五個人有1種坐法。5*4*3*2*1=120。這家人每一周去這個酒店吃一次飯，那他們要去120次，得120周，那麼，這家人840天才能吃到老闆免費送的10餐。

121. 密碼遊戲

碰面。因為第一句和第二句的原意都有「橙」，而解釋的兩句的意思裡都有「遊樂場」，第一句和第三句裡都有「桔」，解釋的意思裡都有「星期六」，所以「香蕉梨」的意思就是「碰面」。

122. 稱重

ab+cd=ac+bd=ad+bc(ab 指 a 與 b 的 體 重 和) 明 顯 99+144=113+130=125+x，可以看出，少掉的那個數是：118。 不 失 一 般 性，ab+ac(cd+bd)=2a2d=62 即 ad=31 或 bc=31 即某兩頭豬的體重之差為31，並且這兩頭豬要麼和為118，要麼兩頭豬都不是和為118的那兩頭豬。而兩個數的和與差的奇偶性是相同的，所以可以看出，必定是 b 與 c 之外的兩頭豬的體重之差為31。

123. 美國「W字頭」零售企業題：
他是怎麼猜到的 (How did he guess?)

幼兒園一老師帶著7名小朋友，她讓六個小朋友圍成一圈坐在操場上，讓另一名小朋友坐在中央，拿出七塊頭巾，其中4塊是紅色，3塊是黑色。然後蒙住7個人的眼睛，把頭巾包在每一個小朋友的頭。然後解開周圍6個人的眼罩，由於中央的小朋友的阻擋，每個人只能看到5個人頭上頭巾的顏色。這時，老師說："你們現在猜一猜自己頭上頭巾的顏色。"大家思索好一會兒，最後，坐在中央的被蒙住雙眼的小朋友說：「我猜到了。」

問：被蒙住雙眼坐在中央的小朋友頭上是什麼顏色的頭巾？他是如何猜到的？

124. 荷蘭「殼牌」石油公司題：
山羊買外套 (Goat buys a coat)

小白羊、小黑羊、小灰羊一起上街各買了一件外套。3件外套的顏色分別是白色、黑色、灰色。

回家的路上，一隻小羊說：「我很久以前就想買白外套，今天終於買到了！」說到這裡，她好像是發現了什麼，驚喜地對同伴說：「今天我們可真有意思，白羊沒有買白外套，黑羊沒有買黑外套，灰羊沒有買灰外套。」

小黑羊說：「真是這樣的，你要是不說，我還真沒有注意這一點呢！」

你能根據他們的對話，猜出小白羊、小黑羊和小灰羊各買了什麼顏色的外套嗎？

125.
日本「T記」汽車集團題：
他們是怎麼知道的 (How did they know?)

有4個人在做遊戲，一人拿了5頂帽子，其中3頂是白的，2頂是黑的。讓其餘的3人——A、B、C三人站成三角形，閉上眼睛。他給每人戴上一頂白帽子，把兩頂黑帽子藏起來，然後讓同學們睜開眼睛，不許交流相互看，猜猜自己戴的帽子的顏色。A、B、C三人互相看了看最後異口同聲正確地說出了他們所帶帽子是白色的，他們是怎麼推出來的？

126.
中國「阿記」科技公司題：
他們被哪個學校錄取了？
(Which school they were admitted to?)

孫康、李麗、江濤三人被哈佛大學、牛津大學和麻省理工大學錄取，但不知道他們各自究竟是被哪個大學錄取了，有人做了以下猜測：

甲：孫康被牛津大學錄取，江濤被麻省理工大學錄取
乙：孫康被麻省理工大學錄取，李麗被牛津大學錄取
丙：孫康被哈佛大學錄取，江濤被牛津大學錄取

如果他們每個人都只猜對了一半，那麼孫康、李麗、江濤三人分別被哪間大學錄取了？

123. 他是怎麼猜到的

紅色。周圍的六個人只能看到周圍5個人頭上的頭巾的顏色，由於中間那個小朋友的阻擋，每個小朋友都無法看到與自己正對面的頭巾顏色，他們無法判斷自己頭巾的顏色，證明他們所看到頭巾的顏色是3紅2黑。剩下1黑一紅是他們和自己正對著的人的頭巾顏色，這就説明處於正對面的兩個人都包著顏色相反的頭巾，那麼中間的人就只能包紅色。

124. 山羊買外套

小白羊買了黑外套，小黑羊買了灰外套，小灰羊買了白外套。根據第一只羊的話，買白外套的一定不是小白羊，是小黑羊或者是小灰羊，但是根據小黑羊的話説話的一定是小灰羊，那麼小灰羊一定買了白外套。小黑羊沒有買黑外套也不能買買白外套，只能買灰外套。小白羊只能買黑外套了。

125. 他們是怎麼知道的

根據所給帽子的顏色，只能有3種可能，即黑黑白、黑白白、白白白，如果是黑黑白，那麼戴白帽就能立即説出答案，而沒有人説出，排除了這種可能；如果有黑帽的話，只有一只，那麼戴白帽的人就能立即做出回答，而這時也沒有人猜出，那麼只有"白白白"這一種可能了。

126. 他們被哪個學校錄取了？

孫康、李麗、江濤分別被哈佛大學、牛津大學、麻省理工大學錄取。

假設江濤被麻省理工大學錄取正確，根據甲、乙孫康就不會被牛津和麻省理工錄取，那麼他一定被哈弗錄取；李麗就要被牛津大學錄取，符合題設條件。

127. 英國「B字頭」石油公司題：
選派商務代表
(Select a business representative)

關於確定商務談判代表的人選，甲、乙、丙三位公司老總的意見分別是：

甲：假如不選派楊經理，那麼不選派高經理。

乙：假如不選擇高經理，那麼選擇楊經理。

丙：要麼選擇楊經理，要麼選擇高經理。

在下列選項中，甲、乙、丙三人能同時得到滿意的方案是？

A. 選楊經理，不選高經理；

B. 選高經理，不選楊經理；

C. 楊經理與高經理都選派；

D. 楊經理與高經理都不選派；

E. 不存在此種方案。

128. 美國「雙交叉」石油公司題：
性別不同的人 (Genders problem)

α、β、γ三人存在親緣關係，但他們之間不違反倫理道德。

（1）他們三人當中，有α的父親、β唯一的女兒和γ的同胞手足；

（2）γ的同胞手足既不是α的父親也不是β的女兒。

不同於其他兩人的性別的人是誰？

提示：以某一人為α的父親並進行推斷；若出現矛盾，換上另一個人。

127. 選派商務代表

A。根據甲、乙、丙三個人的意見，選項A，對於甲、乙、丙三個的意見都滿足。選項B，與甲矛盾。選項C，與丙矛盾。選項D，與乙、丙都矛盾。

128. 性別不同的人

γ。根據條件1，三人中有一位父親、一位女兒和一位同胞手足。如果α的父親是γ，那麼γ的同胞手足必定是β，於是，β的女兒必定是α，從而α是β和γ二人的女兒，而β和γ是同胞手足，與前提條件"不違反倫理道德"相違背。

α的父親是β。於是，根據條件2，γ的同胞手足是α。從而，β的女兒是γ。再根據條件1，α是β的兒子。因此，γ是唯一的女性。

129. 美國「A字頭」科技公司題：
誰沒有錢(Who has no money)

李娜、葉楠和趙芳三位女性的特點符合下面的條件：

（1）恰有兩位非常學識淵博，恰有兩位十分善良，恰有兩位溫柔，恰有兩位有錢；

（2）每位女性的特點不能超過三個；

（3）對於李娜來說，如果她非常學識淵博，那麼她也有錢；

（4）對於葉楠和趙芳來說，如果她十分善良，那麼她也溫柔；

（5）對於李娜和趙芳來說，如果她有錢，那麼她也溫柔。

哪一位女性並非有錢？

提示：判定哪幾位女性溫柔。

130. 韓國「S字頭」科技公司題：
能源消耗量(Energy consumption)

在1972至1980年間，世界性的工業能源消耗量在達到一定的頂峰後又下降，在1980年，雖然工業的總產出量有顯著提高，但它的能源總耗用量卻是遠遠低於1972年的水平。這個問題說明了工業部門一定採取了高效節能措施。在以下選項中最能削弱上述結構的是：

A. 1972年之前，在平時，使用工業能源的人們都不太注意節約能源

B. 20世紀70年代很多能源密集型工業部門的產量急速下降

C. 工業總量的增長1972年到1980年間低於1960至1972年間的增長

D. 20世紀70年代，很多行業從使用高價石油轉向使用低價的替代物

129. 誰沒有錢

趙芳。如果李娜有錢，那她也溫柔。根據條件1、2，如果李娜既沒有錢也不學識淵博，那她也是溫柔。因此，無論哪一種情況，李娜總是溫柔。

根據條件4，如果趙芳非常善良，那她也溫柔；根據條件5，如果趙芳有錢，那她也溫柔；根據條件1、2，如果趙芳既不富有也不善良，那她也是溫柔。因此，無論哪一種情況，趙芳總是溫柔。

根據條件1，葉楠並非溫柔，根據條件4，葉楠並不善良，從而根據條件1、2，葉楠既學識淵博又有錢。再根據條件1，李娜和趙芳都非常善良。

根據條件2、3，李娜並不學識淵博。從而根據條件1，趙芳很學識淵博。最後，根據條件1、2，李娜應該很富有，而趙芳並非有錢。

130. 能源消耗量

紅色。

A看到一紅一藍，回答不知道；

B通過A的回答，猜測A看到2紅或一紅一藍。如果B看到C戴藍色的頭花，代表A看到一紅一藍，B就能推斷出自己戴紅色的頭花；如果B看到C戴紅頭花，B就不能推斷自己戴什麼色彩的頭花，也就是說B回答不知道，代表B看到C戴紅色的頭花，所以C就知道自己戴紅頭花。

131. 美國「M字頭」藥業集團題：
猜一下 (Guess)

熱縣的報紙銷售量多於天中縣。因此，熱縣的居民比天中縣的居民更多地知道世界上發生的大事。

以下的選項中，除了哪種說法都能削弱此論斷：

A. 熱縣的居民比天中縣多；

B. 天中縣的絕大多數居民在熱縣工作並在那裡買報紙；

C. 熱縣居民的人均看報時間比天中縣居民的人均看報時間少；

D. 一種熱縣報紙報道的內容局限於熱縣內的新聞；

E. 熱縣報亭的平均報紙售價低於天中縣的平均報紙售價。

132. 美國「聯記」健康集團題：
如何選擇姓氏
(How to choose a last name)

某屆「活動獎」評選結束了。A公司拍攝的《黃河頌》獲得最佳故事片獎，B公司拍攝的《孫悟空》取得最佳的武術獎，C公司拍攝的《白娘子》獲得最佳戲劇獎。

這次「活動獎」完畢以後，A公司的經理說：「真是很有意思，恰好我們三個經理的姓分別是三部片名的第一個字，再說，我們每個人的姓同自己所拍片子片名的第一個字又不一樣。」這時候，另一公司姓孫的經理笑起來說：「真是這樣的！」

根據以上內容，推理出這三部片子的總理的各姓什麼？

A. A公司經理姓孫，B公司經理姓白，C公司經理姓黃；

B. A公司經理姓白，B公司經理姓黃，C公司經理姓孫；

C. A公司經理姓孫，B公司經理姓黃，C公司經理姓白；

D. A公司經理姓白，B公司經理姓孫，C公司經理姓黃；

E. A公司經理姓黃，B公司經理姓白，C公司經理姓孫。

131. 猜一下

E。此題所問的是「除了」，因此，可用排除法排除掉能夠削弱的選項。

A項能削弱，因此不是正確答案，理由如下：熱縣報紙銷量雖多，但由於人口也多，可能人均報紙擁有量比天中縣低，這樣，熱縣的居民反而不如天中縣的居民更多地知道世界大事。同樣，選項B、C、D也可以削弱題幹論斷。所以，A、B、C、D項要排除掉。

選項E所言的「熱縣報亭的平均報紙售價低於天中縣的平均報紙售價」能說明「熱縣的報紙銷售量多於天中縣」，但不能削弱「熱縣的居民比天中縣的居民更多地知道世界上發生的大事」這個論斷。

132. 如何選擇姓氏

B。因為甲公司的經理說完後另一個姓孫的經理又說，說明甲公司經理不姓孫，排除A；丙公司拍攝的是《白娘子》，因此丙公司經理不姓白，排除C；同樣可排除D、E；所以B即為所選的答案。

133. 德國「D字頭」汽車集團題：
許先生的老婆 (Mr. Hui's wife)

許先生認識張、王、楊、郭、周五位女士，其中：

（1）五位女士分別屬於兩個年齡檔，有三位小於30歲，兩位大於30歲；

（2）五位女士的職業有兩位是教師，其他三位是秘書；

（3）張和楊屬於相同年齡檔；

（4）郭和周不屬於相同年齡檔；

（5）王和周的職業相同；

（6）楊和郭的職業不同；

（7）許先生的老婆是一位年齡大於30歲的教師。

請問誰是許先生的未婚妻？

A. 張　　　　D. 郭

B. 王　　　　E. 周

C. 楊

134. 美國「A字頭」電子商務企業題：
他們分別是教什麼的老師 (Teacher problem)

在一個辦公室裡有三個老師：王、李、趙，他們所授的課目為：數學、他們分別講授數學、物理、政治、英語、語文、歷史，而且每個老師都要授兩門課。他們之間有這樣的規定：

。每位老師教兩門課。他們有這樣的要求：

（1）政治老師和數學老師住在一起；

（2）王老師是三位老師中最年輕的；

（3）數學老師和趙老師是一對優秀的象棋手；

（4）物理老師比英語老師年長，比一老師又年輕；

（5）三人中最年長的老師住家比其他兩位老師遠。

請問，他們分別是教什麼的老師？

133. 許先生的老婆。

郭。由條件3、4可得，張、楊一定小於30歲，郭和周有一個
人小於30歲，根據條件7許先生不會娶張、楊。

由5、6可得，王和周的職業是秘書，郭和楊有一個人是秘
書，根據條件7許先生不會娶王、周。

所以只有郭符合條件。

134. 他們分別是教什麼的老師

王：英語，數學；

李：語文，歷史；

趙：物理，政治

135. 美國「A字頭」電話電報公司題：確定他們的民族 (National identity)

六個不同民族的人，他們的名字分別為甲，乙，丙，丁，戊和己；他們的民族分別是漢族、苗族、滿族、回族、維吾爾族和壯族（名字順序與民族順序不一定一致）現已知：

（1）甲和漢族人是醫生；

（2）戊和維吾爾族人是教師；

（3）丙和苗族人是技師；

（4）乙和己曾經當過兵，而苗族人從沒當過兵；

（5）回族人比甲年齡大，壯族人比丙年齡大；

（6）乙同漢族人下周要到滿族去旅行，丙同回族人下周要到瑞士去度假。

請判斷甲、乙、丙、丁、戊、己分別是哪個民族的人？

136. 美國「G字頭」汽車公司題：誰做了這件事 (Who did this?)

一件事難壞了領導，一直不知道是誰做的，下面的事實成立，你猜猜誰做了這件事

（1）甲、乙、丙中至少有一個人做了這件事；

（2）甲做了這件事，乙、丙也做了；

（3）丙做了這件事，甲、乙也做了：

（4）乙做了這件事，沒有其他人做這件事；

（5）甲、丙中至少一人做了這件事。

135. 確定他們的民族

甲是壯族人；乙是維吾爾族人；丙是滿族人；丁是苗族人；戊是回族人；己是漢族人

前三個條件說明：甲、戊、丙三個人分別是滿族、回族、壯族人；

乙、丁、己三個人分別是漢、維吾爾族、苗族；

第四個條件說明乙和己不是苗族人，所以己是苗族人；

第五個條件說明甲不是回族人，丙不是壯族人；

第六個條件同樣說明乙不是漢人，丙不是回族人；

綜上所述：甲是滿族人或壯族人，乙是維吾爾族人，丙是滿族人，丁是苗族人，戊是滿族或回族或壯族人，己是漢人。

136. 誰做了這件事

乙。由條件2、3、5知道甲、丙不能做這件事；由條件1知道甲乙丙至少有一人做了這件事，那麼乙一定做了；由條件4得，只有乙一個有罪。

137. 美國「F字頭」汽車公司題：
排隊猜帽子顏色 (Colour problem)

有10個人站成一隊，每個人頭上都戴著一頂帽子，帽子有3頂紅的，4頂黑的5頂白的。每個人不能看到自己的帽子，只能看到前面的人的，最後一個人能夠看到前面9個人的帽子顏色，倒數第二個人能夠看到前面8個人的帽子顏色，以此類推，第一個人什麼也看不到。

現在從最後面的那個人開始，問他是不是知道自己所帶帽子的顏色，如果他回答不知道，就繼續問前面的人。如果後面的9個人都不知道，那麼最前面的人知道自己顏色的帽子嗎？為什麼？

138. 法國「道記」石油公司題：
副手的姓
(The surname of the deputy)

王局長有三位3位朋友：老張、老陳和老孫。機車上有三位乘客，他們分別為秘書、副手和司機，這三個乘客與老張朋友的姓氏是一樣的。恰好和者三位乘客的姓氏一樣。

（1）乘客老陳的家住天津；

（2）乘客老張是一位工人，有20年工齡；

（3）副手家住北京和天津之間；

（4）機車上的老孫常和司機下棋；

（5）乘客之一是副手的鄰居，他也是一名老工人，工齡正好是副手的3倍；

（6）與副手同姓的乘客家住北京。

根據上面的資料，對於機車上3個人的姓氏，副手姓什麼？

125

137. 排隊猜帽子顏色

最後一個人不知道自己所戴帽子的顏色，那麼他的帽子和剩下的兩頂帽子屬於兩種以上的顏色，通過排除，知道他的帽子和剩下的兩頂帽子分屬於三種顏色，第九個人不能判斷自己所戴帽子的顏色，也是如此，以此類推，第一個人就能知道自己帽子的顏色為白色。

138. 副手姓張

由條件1和條件6可知，副手不姓陳。由條件5和條件2可知副手的鄰居不是張，是孫。

由條件6和條件3可知老張住北京，結合條件6副手姓張。

139. 日本「H字頭」汽車公司題：
選手與獎次(Players and awards)

小青、大強、彼德三個學生參加迎春杯比賽，他們是來自漢縣、沙鎮、水鄉的選手，並分別獲得一、二、三等獎，現在知道的情況是：

(1)小青不是漢縣選手；

(2)大強不是沙鎮選手；

(3)漢縣的選手不是一等獎；

(4)沙鎮的選手得二等獎；

(5)大強不是三等獎。

根據上述情況，彼德應是什麼選手，她得的是幾等獎？

140. 美國「C字頭」能源公司題：
排名次(Ranked times)

A、B、C、D四個學生參加一次數學競賽，賽後他們四人預測名次如下：

A說：「C第一，我第三。」

B說：「我第一，D第四。」

C說：「我第三，D第二。」

D沒有説話。

等到最後公布考試成績時，發現他們每人預測對了一半，請説出他們競賽的排名次序。

139. 選手與獎次

彼德是漢縣選手，她得的是三等獎。

如果彼德得的是一等獎，她不是漢縣選手，大強是二等獎是沙鎮選手與條件2相違背，排除這種情況。

如果彼德得的是二等獎，他是沙鎮選手，小青一定是水鄉人，大強一定得的是一等獎，大強是漢縣選手，與條件3相背，排除這種情況。

所以彼德是三等獎，小青是二等獎是沙鎮人，大強是水鄉人得一等獎，所以彼德是漢縣人，符合所有條件。

140. 排名次

B第一，D第二，A第三，C第四。

141.
美國「G字頭」電氣公司題：
這件事是誰幹的 (Who did this thing?)

小花、瑪莉、小綠三個同學中有一人幫助生病的彼德補好了筆記，當彼德問這是誰幹的好事時，：

小花說：「瑪莉幹的。」

瑪莉說：「不是我幹的。」

小綠說：「也不是我幹的。」

事實上，有兩個人在說假話，只有一個說的是真話。那以，這件好事到底是誰做的？

142.
法國「巴記」銀行集團題：
M比賽了幾盤 (Game)

A、B、C、D與M五人一起比賽象棋，每兩個人都要比賽一盤，到現在為止，A比賽了4盤，B比賽了3盤，C比賽了2盤，D比賽了1盤，問M比賽了幾盤？

141. 這件事是誰幹的

（1）若是小花做的，則三人說話中有二真一假、不合題意。

（2）若是瑪莉做的，則三人說話中還是二真一假、不合題意。

（3）若是小綠做的，則三人說話二假一真、則符合題意。

所以，正確答案為：小綠幹的

142. 比賽了幾盤

M賽了二盤。

143. 美國「J字頭」銀行集團題：
他們的職業是什麼
(What are their occupation?)

有這樣三個的職業人，他們分別姓李、蔣和劉，他們每人身兼兩職，三個人的六種職業是作家、音樂家、美術家、話劇演員、詩人和工人，同時還知道以下的事實：

（1）音樂家以前對工人談論過對「古典音樂」的欣賞。

（2）音樂家出國訪問時，美術家和李曾去送行。

（3）工人的愛人是作家的妹妹。

（4）作家和詩人曾經在一起探討「百花齊放」的問題；

（5）美術家曾與姓蔣的看過電影；

（6）姓劉的善下棋，姓蔣的和那作家跟他對奕時，屢戰屢敗。

請辯判他們的職業是什麼？

144. 英國「P字頭」保險集團題：
誰是罪犯 (Criminal problem)

一名警察有一天抓住4名盜竊犯A、B、C、D，下面是他們的答話：

A說：「是B幹的。」　　　　C說：「不是我幹的。」

B說：「是D幹的。」　　　　D說：「B在說謊話。」

事實證明，在這四個盜竊犯中只有一人說的是真話，你知道罪犯是誰嗎？

143. 他們的職業是什麼

姓李的是作家和演員，姓蔣的是音樂家和詩人；姓劉的是機械
工人與美術家。

144. 誰是罪犯

根據假設性的排除法可以推斷罪犯的人是C。

145. 德國「B字頭」汽車公司題：
住中間房間的人是誰？
(Who is the person who lives in the middle room?)

張濤、李明和趙亮三人住在三個相鄰的房間內，他們之間滿足這樣的條件：

（1）每個人喜歡一種寵物，一種飲料，一種啤酒，不是兔就是貓，不是果粒橙就是葡萄汁，不是青島就是哈爾濱；

（2）張濤住在喝哈爾濱者的隔壁；

（3）李明住在愛兔者的隔壁；

（4）趙亮住在喝果粒橙者的隔壁；

（5）沒有一個喝青島者喝果粒橙；

（6）至少有一個愛貓者喜歡喝青島啤酒；

（7）至少有一個喝葡萄汁者住在一個愛兔者的隔壁；

（8）任何兩人的相同愛好不超過一種。

住中間房間的人是誰？

提示：判定哪些三愛好組合可以符合這三人的情況；然後判定哪一個組合與住在中間的人相符合。

145. 住中間房間的人是誰？

根據條件1，每個人的三愛好組合必是下列組合之一：

A. 葡萄汁，兔，哈爾濱；B. 葡萄汁，貓，青島；C. 果粒橙，兔，青島；

D. 果粒橙，貓，哈爾濱；E. 葡萄汁，兔，青島；F. 葡萄汁，貓，哈爾濱；

G. 果粒橙，兔，哈爾濱；H. 果粒橙，貓，青島。

根據條件5，可以排除C和H。於是，根據條件6，B是某個人的三嗜好組合；

根據條件8，E和F可以排除；

再根據條件8，D和G不可能分別是某兩人的三好組合；因此A。必定是某個人的三嗜好組合；

然後根據條件8，可以排除G；於是餘下來的D必定是某個人的三愛好組合；

根據2、3和4，住房居中的人符合下列情況之一：

1.喝青島而又愛兔，2.喝青島而又喝果粒橙，3.愛兔而又喝果粒橙。既然這三人的三愛好組合分別是A、B和D，那麼住房居中者的三愛好組合必定是A。或者D，如下所示：B、A、D、B、D、A葡萄汁葡萄汁果粒橙葡萄汁果粒橙葡萄汁貓兔貓或貓貓兔青島哈爾濱哈爾濱青島哈爾濱哈爾濱；

根據條件7，可排除D；因此，根據條件4，趙亮的住房居中。

146. 日本「N字頭」汽車公司題：
老師挑了一張什麼牌
(What card did the teacher pick?)

A、B、C三位學生知道方桌的抽屜裡有這麼多張撲克牌：

紅桃A、Q、4

黑桃J、8、4、2、7、3

梅花K、Q、5、4、6

方塊K、5

一位老師從這些牌中挑出一張牌來，並把這張牌的點數告訴B同學，把這張牌的花色告訴C同學。這時，老師問B和C：

你們能從已知的點數或花色中猜出它是什麼牌嗎？

於是，A同學聽到他們的對話：

B同學：

這張牌我不清楚。

C同學：

我知道你不知道這它是什麼牌。

B同學：

現在我明白它是什麼牌了。

C同學：

我也知道了。

聽過上述的對話，A同學想了一下，就知道這張牌是什麼牌了。

請判斷一下，這張牌是什麼牌？

146. 老師挑了一張什麼牌

B同學只知道點數，卻不能確定花色的只有K、4、5、Q這幾張。而C同學知道B不知道，而C同學知道花色，那麼這個花色應該只包括這4張牌或其中的幾張，這時只有方塊和紅桃符合條件。這時B同學又知道了這張牌是哪兩種花色，但是B同學卻能確定這張牌是什麼，這時只有方塊5符合條件了（因為如果是K的話他不能確定是哪種花色，而之後C同學也知道了，說明除去K後此花色只有一張牌，只能是方塊5）

147. 美國「B字頭」銀行集團題：
猜猜比賽者的名次
(Guess the ranking of the contestant)

在一所學校裡，有穿綠、黑、青、白、紫五種不同運動服的五支運動隊參加長跑比賽，其中，有A、B、C、D、E五位小學生猜比賽者的名次，條件是每個小學生只准猜兩支運動隊的名次。

學生A猜：紫隊第二，黑隊第三。

學生B猜：青隊第二，綠隊第四。

學生C猜：綠隊第一，白隊第五。

學生D猜：青隊第三，白隊第四。

學生E猜：黑隊第二，紫隊第五。

在這五名同學猜完後發現每人都猜對了一個隊的名次，並且每隊的名次只有一人猜對，請判斷一下，這五名同學各猜對了哪個隊的名次？

147. 猜猜比賽者的名次

不難發現只有C一人猜了綠隊是第一名，所以這個結論是正確的，那麼白隊第五錯了。而紫隊第五對，黑隊第二錯，又因為紫隊已經第五，所以紫隊第二錯，黑隊第三對，同樣道理推下去綠隊第一、青隊第二，這樣五隊的名次依次是綠、青、黑、白、紫。

148. 中國「微字頭」科技公司題：
誰是聰明的人 (Who is a smart person?)

張明、李浩和趙冰三人，每個人都恰有三個非常好的特點，這些特點符合下面的要求：

（1）兩個人非常理智，兩個人非常美貌，兩個人非常幽默，兩個人非常樂觀，一個人非常聰明；

（2）張明：

a. 如果他非常樂觀，那麼他也非常美貌；

b. 如果他非常美貌，那麼他不是非常理智。

（3）李浩：

a. 如果他非常樂觀，那麼他也非常理智；

b. 如果他非常理智，那麼他也非常美貌。

（4）趙冰：

a. 如果他非常美貌，那麼他也非常幽默；

b. 如果他非常幽默，那麼他不是非常樂觀。

請問，他們三人中到底誰是聰明人？

提示：判定每個人的特點的可能組合。然後分別假定張明、李浩或趙冰具有聰明的特點。只有在一種情況下，不會出現矛盾。

148. 誰是聰明的人

前提條件：每個人都恰好有三個特點。因此，根據條件（1）和（2），張明具有下列四組特點中的一組：樂觀，美貌，幽默樂觀，美貌，聰明美貌，幽默，聰明幽默，理智，聰明根據條件（1）和（3），李浩具有下列四組特點的一組：樂觀，理智，美貌理智，美貌，幽默理智，美貌，聰明美貌，幽默，聰明根據（1）和（4），趙冰具有下列四組特點的一組：美貌，幽默，理智美貌，幽默，聰明幽默，理智，聰明理智，樂觀，聰明根據上面的特點組合並且根據條件（1），如果張明具有聰明的特點，那麼李浩和趙冰都是理智而又美貌的，張明就不能是理智或美貌的了。這種情況不可能，因此張明不具有聰明的特點。根據上面的特點組合並且根據條件（1），如果李浩具有聰明的特點，那麼張明和趙冰都是美貌的，李浩就不能具有美貌的特點了。這種情況不可能，因此李浩不具有聰明的特點。於是，趙冰必定是具有聰明特點的人了。我們還可以看出其中一人的全部三個特點，以及另外兩個人各有的兩個特點。由於趙冰是聰明的，所以張明是樂觀、美貌和幽默的；李浩是既美貌又理智；從而趙冰不能是美貌的，所以趙冰是既理智又聰明的人。

149. 中國「騰記」科技公司題：
冠軍是誰 (Who is the champion?)

張雲、李陽、鄭明、楊林和宋劍每人都參加了兩次羽毛球聯賽。

（1）每次聯賽只進行了四場比賽：

張雲對李陽；張雲對宋劍；鄭明對楊林；鄭明對宋劍。

（2）兩次聯賽中僅有一場比賽勝負情況不變。

（3）張雲是第一次聯賽的冠軍。

（4）在兩次聯賽中，實行一場淘汰賽，只有冠軍一場都不輸的。

另一場聯賽的冠軍是誰？

註：兩次聯賽中都不會有平局的情況。

150. 美國「P字頭」國際能源公司題：
猜猜誰買了什麼車
(Guess who bought the car)

吉米、瑞恩、湯姆斯剛新買了汽車，汽車的牌子分別是奔馳、本田和皇冠。他們一起來到朋友傑克家裡，讓傑克猜猜他們三人各買的是什麼牌子的車。傑克猜道：「吉米買的是奔馳車，湯姆斯買的肯定不是皇冠車，瑞恩自然不會是奔馳車。」很可惜，傑克的這種猜測，只有一種是正確的，你知道他們各自買了什麼牌子的車嗎？

149. 冠軍是誰

根據條件1，張雲、鄭明和宋劍各比賽了兩場；因此，從條件4得知，他們每人在每一次聯賽中至少勝了一場比賽。

根據體條件3、4，張雲在第一次聯賽中勝了兩場比賽；於是鄭明和宋劍第一次聯賽中各勝了一場比賽。他們在一次聯賽中各場比賽的勝負情況如下：

張雲勝李陽；張雲勝宋劍（第四場）；

鄭明勝楊林；鄭明負宋劍（第三場）；

根據條件2以及張雲在第二次聯賽中至少勝一場的事實，張雲必定又打敗了宋劍或者又打敗了巴克。如果張雲又打敗了宋劍，則宋劍必定又打敗了鄭明，這與條件2矛盾。所以張雲不是又打敗了宋劍，而是又打敗了李陽。這樣，在第二次聯賽中各場比賽的勝負情況如下：

張雲勝李陽（第一場）；張雲負宋劍（第二場）；

鄭明負楊林（第四場）；鄭明勝宋劍（第三場）；

在第二次聯賽中，只有楊林一場也沒有輸。因此，根據條件4，楊林是另一場比賽的冠軍。

150. 猜猜誰買了什麼車

從傑克的猜測中，我們可知只有「湯姆斯買的肯定不是皇冠車」這種猜測是正確的，那麼他買的就只能是本田或奔馳。吉米應該買的不是奔馳，只能是皇冠或本田，那麼吉米買的是皇冠車，瑞恩買的是奔馳車，湯姆斯買的是本田車。

151. 法國「家記」百貨集團題：
找錯誤 (Looking for errors)

一個正方體有6個面，每個面的顏色都不同，並且只能是紅、黃、藍、綠、黑、白6種顏色。如果滿足：

1. 紅的對面是黑色
2. 藍色和白色相鄰
3. 黃色和藍色相鄰

那麼，下面結論錯誤的是：

A. 紅色與藍色相鄰
B. 藍色的對面是綠色
C. 白色與黃色相鄰
D. 黑色與綠色相鄰

152. 瑞士「N」字頭食品集團題：
黑球白球 (Black ball white ball)

一個大小均勻的長管子，兩端有口，裡面有4個白球和4個黑球，球的直徑、兩端開口的直徑等於管子的內徑。現在白球和黑球的排列是yyyyhhhh，要求不取出任何一個球，使得排列為hhyyyyhh。

151. 找錯誤

答案：選C

分析：有條件1可得，其餘的四種顏色，黃綠藍白為兩組互為對色的顏色，又有2、3可得：白色與黃色為對面，藍色與綠色為對面。所以選C。

152. 黑球白球

答案：切下管子的hh端，裝到另一端，成為hhyyyyhh；或者如果可以歪曲管子也可以達到這個效果。

153. 美國「M字頭」科技公司題：
怎樣取回自己的襪子？
(How to get back your own socks?)

曾經有兩個盲人，他們同時都買了兩雙白襪和兩雙黑襪，八雙襪子的布質、大小完全相同，每一雙襪子都有一張標籤紙連著。兩個盲人不小心將八雙襪子混在一起。他們怎樣才能取回自己的襪子？

154. 美國「花記」銀行集團題：
判斷時間 (Judging time)

現在，桌子上放了兩支同樣的蠟燭A和B，每支燃盡需要一個小時，那麼，如何燃燒這兩支蠟燭，可判定一個45分鐘呢。
註：只有這兩支蠟燭和點火工具。

155. 韓國「現記」汽車公司題：
找最大的鑽石 (Find the biggest diamond)

在某大樓裡，從一樓到十樓，每層樓的電梯門口都會放著一顆鑽石，但大小不一。有一個女人在一樓乘電梯到十樓，每到一層樓，電梯的門都會打開一次。從頭至尾，這個女人只能拿一次鑽石，她怎樣才能拿到最大的一顆？

153. 怎樣取回自己的襪子？

答案：我們知道，八雙襪子的質量和大小完全相同。因此，可以讓他們把標簽撕下來，按順序每人取一只，重新組合在一起就可以了。

154. 判斷時間

答案：一共耗時45分鐘。

分析：第一步：點燃蠟燭A的兩頭，並點燃蠟燭B的一頭，共用30分鐘。

第二步：當蠟燭A燃燒完後，再點燃蠟燭B的另外一頭，待蠟燭B燃燒完後，用15分鐘。

155. 找最大的鑽石

分析：第一步：對前三個進行比較大小，對於最大的心裡要有一個概念。

第二步：中間3個作為參考，確認最大的一個的平均水平。

第三步：在最後4個中選擇一個屬於
最大一批的，閉上眼睛不再觀察之後的。這就是最大的一顆。

156. 日本「H字頭」電器公司題：
怎樣分鹽 (How to divide salt)

現在，桌子上擺著一只天秤，兩個砝碼，分別為7g、2g。如何只用這些物品分三次將140g的鹽分成50、90g各一份？

157. 美國「A字頭」電子商務企業題：
結果如何 (How is the result)

A、B、C、D四人參加公務員考試，報考同一職位。該職位只招錄一人，有且只有該四人報名。四人均準備充分，在考試中發揮出最高水平。考試結束後，四個人討論如下：

A：「只要考試不黑，我肯定能考上。」

B：「即使考試不黑，我也考不上。」

C：「如果考試不黑，我就能考上。」

D：「如果考試很黑，那麼，我肯定考不上。」

結果出來後，證明ABCD四人預測均正確，則有一人成功考取，則可推出公務員考試：

A. 黑

B. 不黑

C. 有時黑，有時不黑

156. 怎樣分鹽

答案：稱量出20g，倒入另一份70g中，獲得50g，90g。

分析：第一步：將鹽分為兩個70g，取出其中一份。

第二步：利用兩個砝碼稱出9g。

第三步：利用9g鹽和2g砝碼稱出11g。

157. 找相應的開關

分析：第一步：打開開關A，5分鐘後關閉開關A；

第二步：打開開關B；

第三步：進入臥室，開關B控制的是亮著的燈，用手去摸不亮的燈，發熱的是開關A控制的燈，不發熱的是開關C控制的燈！

158. 荷蘭「殼牌」石油公司題：
體育競賽 (Sports competition)

有一場體育比賽中，共有N個項目，有運動員1號，2號，3號參加。在每一個比賽項目中，第一，第二，第三名分別得A，B，C分，其中A，B，C為正整數，且A>B>C。最後1號選手共得22分，2號與3號均得9分，並且2號在百米賽中取得第一。最後，求N的值，並分析出誰在跳高中得第二名。

159. 日本「T記」汽車集團題：
野鴨蛋的故事 (Duck egg)

四個旅游家（張虹、印玉、東晴、西雨）去不同的島嶼去旅行，每個人都在島上發現了野雞蛋（1個到3個）。4人的年齡各不相同，是由18歲到21歲。已知：

（1）東晴是18歲。

（2）印玉去了A島。

（3）21歲的女孩子發現的蛋的數量比去A島女孩的多1個。

（4）19歲的女孩子發現的蛋的數量比去B島女孩的多1個。

（5）張虹發現的蛋和C島的蛋之中，有一者是2個。

（6）D島的蛋比西雨的蛋要多2個。

請問：張虹、印玉、東晴、西雨分別是多少歲？她們分別在哪個島嶼上發現了多少野雞蛋？

158. 體育競賽

分析：因為1號、2號、3號三人共得分為22+9+9=40分，又因為三名得分均為正整數且不等，所以前三名得分最少為6分。40=5*8=4*10=2*20=1*20，不難得出項目數只能是5。即N=5。

1號總共得22分，共5項，所以每項第一名得分只能是5，22=5*4+2，故1應得4個一名1個二名.第二名得1分，又因為2號百米得第一，所以1只能得這個第二。

2號共得9分，其中百米第一5分，其他4項全是1分，9=5+1=1+1+1。即2號除百米第一外全是第三，跳高第二必定是3號所得。

159. 野鴨蛋的故事

因為21歲的女孩不是去了A島（印玉）（③），所以，21歲的
是張虹。所以可推斷，19歲的是印玉。

姓名年齡島卵

張虹21歲1個或2個

印玉19歲A1個或2個

東晴18歲

西雨20歲3個

假設張虹有2個的話，那麼印玉就有3個（③），這與④相互矛
盾的。所以，張虹是1個，印玉是2個。因此可知，C島是發
現了2個（⑤），去C島的是東晴。

根據條件⑥可知，張虹去了D島，剩下的西雨去了B島。

所以，結果就是：

姓名年齡島卵

張虹21歲D1個

印玉19歲A2個

東晴18歲C2個

西雨20歲B3個

160. 德國「V字頭」汽車集團題：
小圓能轉幾周？ (Turning problem)

兩個直徑分別是2和4的圓環，如果小圓在大圓內部繞大圓轉一周，那麼小圓自身轉了幾周？如果在大圓的外部轉，小圓自身又要轉幾周呢？

161. 英國「B字頭」石油公司題：
他懂計算機嗎？ (Calculating problem)

已知下列A、B、C三個判斷中，只有一個為真。

A. 甲班有些人懂計算機。

B. 甲班王某與劉某都不懂計算機。

C. 甲班有些人不懂計算機。

請問：甲班的班長是否懂計算機？（注意：要有分析的過程）

162. 美國「雙交叉」石油公司題：
是否參加鑒定？ (New product)

有一個工業公司，組織它下屬的A、B、C三個工廠聯合試製一種新產品。關於新產品生產出來後的鑒定辦法，在合同中做了如下規定：

（1）如果B工廠不參加鑒定，那麼A工廠也不參加。

（2）如果B工廠參加鑒定，那麼A工廠和丙工廠也要參加。

請問：如果A工廠參加鑒定，C工廠是否會參加？為什麼？

163. 美國「A字頭」科技公司題：
擁有古物的是誰？(Antiquities)

孫某和張某是考古學家老李的學生。有一天，老李拿了一件古物來考驗兩人，兩人都無法驗證出來這件古物試誰的。老李告訴了孫某擁有者的姓，告訴張某擁有者的名，並且在紙條上寫下以下幾個人的人名，問他們知道誰才是擁有者？

紙條上的名字有：

沈萬三、岳飛、岳雲、張飛、張良、張鵬、趙括、趙雲、趙鵬、沈括。

孫某說：如果我不知道的話，張某肯定也不知道。

張某說：剛才我不知道，聽孫某一說，我現在知道了。

孫某說：哦，那我也知道了。

請問：那件古物是誰的？

164. 韓國「S字頭」科技公司題：
喝救命水(Drinking problem)

你去沙漠旅行，事先準備的水喝光了，你口喝難忍，這時你看到了有個瓶子，拿起來一看，裡面還有多半瓶水。可是瓶口用軟木塞塞住了，這個時候在不敲碎瓶子，不拔木塞，不准在塞子上鑽孔的情況下，你怎樣完整地喝到瓶子裡的酒呢？

160. 小圓能轉幾周？

答案：小圓能轉3周。

分析：兩圓的直徑分別為2、4，那麼半徑分別為1、2。假如把大圓剪開並拉直，那麼小圓繞大圓轉一周，就變成從直線的一頭移動到另一頭。因為這條直線長就是大圓的周長，是小圓周長的2倍，所以小圓需要滾動2圈。

但現在小圓在沿大圓滾動的同時，自身還要作轉動。

小圓在沿著大圓滾動1周並回到原出發點的同時，小圓自身也轉了1周。如果小圓在大圓的內部滾動，其自轉的方向與滾動的轉向相反，因此小圓自身轉了1周；如果小圓在大圓的外部滾動，其自轉的方向與滾動的轉向相同，因此小圓自身轉了3周。

161. 他懂計算機嗎？

答案：甲班班長懂計算機。

分析：A與B是等值關係，真假情況完全相同，假如C真，那麼B也是真的。因為這三個判斷中只有一個是真的，所以只能是B與C假，A真。

A如果是假的，意味著「甲班所有的同學懂計算機」真，這是因為B與 "甲班所有的同學懂計算機" 是矛盾關係。既不可以同時使真的，也不可以同時都是假的，如果有一個是假的，那麼另一個必定是真的。另外，如果甲班所有的同學懂計算機，那麼説明甲班班長也懂計算機。

162. 是否參加鑒定？

答案：Ｃ工廠參加鑒定。

分析：如果Ｂ工廠不參加鑒定，那麼Ａ工廠也不參加；如果Ｂ工廠參加鑒定，那麼Ａ工廠和Ｃ工廠也要參加；Ａ工廠參加鑒定。

1. 如果Ｂ工廠不參加鑒定，那麼Ａ工廠也不參加。

2. Ａ工廠參加鑒定。所以，Ｂ工廠參加鑒定。

3. 如果Ｂ工廠參加鑒定，那麼Ａ工廠和丙工廠也要參加。Ｂ工廠參加鑒定。

所以，Ａ工廠參加時，Ｃ工廠也會參加。

163. 擁有古物的是誰？

答案：岳飛。

分析：孫某說：「如果我不知道的話，張某肯定也不知道。」那名字和姓肯定有多個選擇的，排除沈、萬、三和張良，把姓沈和姓張也同時排除。現在剩下：趙括、趙雲、趙鵬、岳飛、岳雲。張某說：「剛才我不知道，聽孫某一說，我現在知道了。」所以肯定是多選的排除：那就是「雲」，剩下：趙括、趙鵬、岳飛。

最後：孫某說：「哦，我也知道了。」那姓肯定是惟一的，那只有「岳飛」了。

164. 喝救命水

把軟木塞按進去。

165. 美國「聯記」健康集團題：
破案 (Solve the case)

某公寓發生了一宗凶殺案，死者是已婚婦女。探長來到現場觀察。法醫説：「屍體經過檢驗後，事發距今不到2個小時，事主是被一把刀刺中心臟而死。」

探長發現桌上有一部錄音機，問其他警員：「你們開過錄音沒有？」從警員都説沒開過。

於是，探長按下放音鍵，傳出了死者死前掙扎的聲音：

「是我老公想殺我，他一直想殺我。我看到他進來了，他手裡拿著一把刀。他現在不知道我在錄音，我要關錄音機了，我馬上要被他殺死了……卡擦。」錄音到此中止。

探長聽到錄音後，馬上對眾警員説，這段錄音是偽造的。你知道探長為什麼這麼快就認定這段錄音是偽造的嗎？

166. 美國「A字頭」電子商務企業題：
哪種說法是假的？
(Which statement is false?)

高校2007年秋季入學的學生中有些是免費師範生。所有的免費師範生都是家境貧寒的。凡是貧困學生都參加了勤工助學活動。

如果以上説法是真的，那麼，請找出以下對此錯誤的看法：

A. 有些參加勤工助學活動的學生不是免費師範生。

B. 2007年秋季入學的學生中有人家境貧寒。

C. 凡是沒有參加勤工助學活動的學生都不是免費的師範生。

D. 有些參加勤工助學活動的學生是2007年秋季入學的。

167. 美國「G字頭」汽車公司題：
人壽保險 (Insurance problem)

在一個住宅小區的居民中，大多數中老年人都辦了人壽保險，所有買了四居室以上住房的居民都辦了財產保險。所有辦理人壽保險的都沒有辦財產保險。

如果上述說法是真的，那麼以下哪種說法是真的？

1. 某些中老年買了四居室以上的房子。

2. 某些中老年沒辦此案產保險。

3. 沒有辦人壽保險的是買四居室以上房子的人。

A. 1、2和3

B. 1和2

C. 2和3

D. 1和3

168. 日本「H字頭」汽車公司題：
四個杯子 (Four cups)

酒店的餐桌上有四個杯子，每個杯子上寫著一句話。

第1個杯子：每個杯子裡都有水果糖。

第2個杯子：我的裡面有蘋果。

第3個杯子：我的裡面沒有朱古力。

第4個杯子：有的杯子裡沒有水果糖。

以上所述，如果有一句話是真的，那麼以下哪種說法為真？

A. 每個杯子中都有水果糖。

B. 每個杯子中都沒有水果糖。

C. 每個杯子裡都沒有蘋果。

D. 第3個杯子裡有朱古力。

165. 破案

如果真的是他老公殺的話，死者就不可能說：「他不知道我在錄音，我要關錄音機了。」如果被殺者錄音並不被殺人者所知，錄音不會有卡擦聲，這樣被殺人就可能知道錄音機所在何處，離開時也會同時把錄音機銷毀，就不會存在這個錄音了。

166. 哪種說法是假的？

答案：選A。

分析：在選項B中，有免費師範生入學，一定有貧寒生入學，因為免費師範生是貧寒的。C選項免費師範生一定貧寒，一定參加勤工助學，沒參加勤工的一定不是免費師範生。D有些參加勤工的指的就是那些2007秋季入學的免費師範生。排除得A錯誤，原因在於那年勤工助學的可能就是那幾個免費師範生，沒其他人。

167. 人壽保險

答案：選C

分析：2正確，因為肯定有中老年教員辦人壽保險，所以肯定沒辦財產保險。3正確，買四居室以上都辦了財保，辦人壽的沒辦財保，辦財保的也肯定沒辦人保，所以這些大戶都沒辦人保。1不能斷定，大多數買人保，也可以有人買了四居室以下也沒買人保的。

168. 四個杯子

答案：選D

分析：由題目得，第一和第四個杯子一定有句真話，因為這兩句話是矛盾的。假設第一個杯子是真話，第二個杯子就是假話，第三個杯子是真話，有2句真話矛盾。所以第四個杯子說的是真話，其他三個杯子都是假話！A排除。B也排除，因為有些杯子沒有糖，有些杯子是有的，例如，第一個杯子有糖，第二個有糖，第三個有朱古力，第四個有蘋果。由此可以看出，C也不對。只有D是真的，如果第三個杯子沒有朱古力，那麼就有2句話是真的了。

169.
英國「P字頭」保險集團題：
誰是凶手？(Who is the murderer?)

小甜和小蜜幸福地生活在一所豪宅裡。她們既不參加社交活動，也沒有與人結怨。有一天，女僕安卡歇斯底里地跑來告訴李管家，說她們倒在臥室的地板上死了。李管家迅速與安卡來到臥室，發現正如安卡所描述的那樣，兩具屍體一動不動地躺在地板上。

李管家發現房間裡沒有任何暴力的跡象，屍體上也沒有留下任何印記。凶手似乎也不是破門而入的，因為除了地板上有一些破碎的玻璃外，沒有其他跡象可以證明這一點。李管家排除了自殺的可能；中毒也是不可能的，因為晚餐是他親自準備、親自伺候的。李管家再次仔細的彎身檢查了一下屍體，但仍是沒有發現死因，但注意到地毯濕了。

請問：小甜和小蜜是怎麼死的呢！究竟誰殺了她們？

170.
美國「波記」航空集團題：
共有幾條病狗？
(How many sick dogs are there?)

一個村子裡一共有50戶人家，每家每戶都養了一條狗。村長說村裡面有病狗，然後就讓每戶人家都可以查看其他人家的狗是不是病狗，但是不准檢查自己家的狗是不是病狗。當這些人如果推斷出自家的狗是病狗的話，就必須自己把自家的狗槍斃了，但是每個人在看到別人家的狗是病狗的時候不准告訴別人，也沒有權利槍斃別人家的狗，只有權利槍斃自家的狗。然後，第一天沒有聽到槍聲，第二天也沒有，第三天卻傳來了一陣槍聲。

請問：這個村子裡一共有幾條病狗，請說明理由？

171. 美國「P字頭」國際能源公司題：
會遇到幾艘來自紐約的船 (Ship problem)

一般在每天中午的時間，從法國塞納河畔的勒阿佛有一艘輪船駛往美國紐約，在同一時刻紐約也有一艘輪船駛往勒阿佛。我們已經知道的是，每次橫渡一次的時間是7天7夜，以這樣的時間勻速行駛，可清楚的遇到對方的輪船。

問題是：

今天從法國開出的輪船能遇到幾艘來自美國的輪船。

172. 韓國「現記」汽車公司題：
如何找出不標準的球？ (Ball problem)

有80個外觀一致的小球，其中一個和其他的重量不同，（不知道更輕還是更重）。現在給你一個天秤，允許你稱四次，把重量不同的球找出來，怎麼稱？

169. 誰是凶手？

從題意中可以很明顯的發現小甜和小蜜並不是主人，而是水缸裡養的兩條金魚，所以李管家並沒有報警。因為沒有其他人在房間，而水缸是不會自己翻倒的。安卡一日後被解僱了，因為她在工作中太不小心，打碎了水缸，致使兩條金魚意外死亡。所以，李管家把安卡解僱了。

170. . 共有幾條病狗？

答案：3條病狗。

分析：

1.（1）假如有1條病狗，那主人肯定不能看自己家的狗，出去沒有發現病狗，但村長卻說有病狗。他就會知道自己家的狗是病狗，那麼第一天就應該有槍聲，但是事實上大家並沒有聽到槍聲，因此推出病狗不是一條。

2.（2）假如有2條病狗，設為甲家和乙家。第一天甲和乙各發現對方家的狗是病狗，但是第一天沒有聽到槍響。第二天就會意識到自己家的狗也是病狗。接著第二天就應該有槍響，但事實上也沒有，所以2條病狗也不對。

3.（3）假設有3條病狗，設為甲、乙、丙家。第一天甲、乙、丙各發現2條病狗，他們就會想第二天晚上就會有槍響，但是第二天晚上沒槍響，第三天晚上他們就會意識到自己家的狗也有病，所以開槍殺狗。因此通過假設，我們可以看出這個村裡有3條病狗。

171. 會遇到幾艘來自紐約的船

答案：一共有15搜船。

分析：首先我們先想一下，從美國紐約開往勒阿佛的海航線上總會有7艘輪船，只有每天中午時，只有6艘輪船，每兩艘輪船相距一天路程。今天中午從勒阿佛開出的船每半天(12小時)會遇到一艘從紐約來的船橫渡一次的時間是7天7夜，本應是會遇到14艘，可是從勒阿佛開出的船是中午開出。因此最後一艘是在美國紐約遇到的，第一艘是在法國勒阿佛遇到的，所以正確答案是：路途中遇到13艘從紐約來的船。然後，還要加上在勒阿佛遇到的剛剛到達的從紐約來的一艘船，還要加上在美國遇到的準備出發的一艘船。

172.如何找出不標準的球？

分析：

第1次稱量：天秤左端放27個球。右端也放27個球。有2種可能性：A平衡、B不平衡。如果平衡了，那麼下一次就以預留的80－27－27＝26個球作為研究對象。如果不平衡，那面選擇輕的一端的27各球作為第二次稱量的物品。

第2次稱量：天秤左右兩邊都放9個球。研究對象中還有8至9個球沒有放入天秤中。有2種可能性：A平衡B不平衡。如果平衡了，那麼下一次就以預留的8至9個球作為研究對象。如果不平衡，那麼就選擇輕的一端的9各球作為下次稱量的物品。

第3次稱量：左右兩邊個放3各球。研究對象中還有23個球沒有放入天秤中。有2種可能性：A平衡B不平衡。如果平衡了，那麼下一次就以預留的2至3個球作為研究對象。如果不平衡，那麼就選擇輕的一端的3個球作為下一次稱量的物品。

第4次稱量：天秤的左右兩邊各放1個球。研究對象中還有0至1個球沒有放入天秤中。有2種可能性：A平衡B不平衡。如果平衡了，那麼預留的另一個球就是要找的球。如果不平衡，那麼輕的一端就是你要找的球。

173. 日本「S字頭」電器公司題：
第十個數是多少
(What is the tenth number?)

觀察數字下列數字：1、5、11、19、29、41……這列數中第10個數是多少？

174. 美國「J字頭」銀行集團題：
誰和誰是夫妻
(Who and who are husband and wife)

有四對夫妻，趙結婚的時候張來送禮，張和江是同一排球隊隊員，李的愛人是洪的愛人的表哥。洪夫婦與鄰居吵架，徐、張、王都來助陣。李、徐、張結婚以前住在一個宿舍。

請問：趙、張、江、洪、李、徐、王、楊這八個人誰是男誰是女，誰和誰是夫妻？

173. 第十個數是多少

這幾個數字是有規律的，1=0+1*1，5=1+2*2，11=2+3*3，19=3+4*4，29=4+5*5，41=5+6*6，依次往下，第7個數字就是6+7*7=55，第8個數字就是7+8*8=71，第9個數字就是8+9*9=80，第10個數字就是9+10*10=109。

174. 誰和誰是夫妻

答案：洪與江、李與王、趙與徐、張與楊為夫妻。

分析：首先分析性別，因為李的愛人是洪的愛人的表哥，所以説明李是女性，當然，與李在結婚前同住在一個宿舍的徐和張也為女性。所以我們得出了：

男：趙、洪、王、楊

女：李、徐、張、江

接下來分析夫妻關係，從洪入手，因為洪夫婦和鄰居吵架，徐、張、王來幫忙，説明了洪的對象不能是徐和張所以洪的對象有兩個可能：李和江。但是由於李的愛人是洪的愛人的表哥，所以否定了李，洪與江是對象。

下來分析李的愛人：因為洪夫婦與鄰居吵架，徐、張、王都來助陣，這裡只有王是男性，而且李的愛人是洪的愛人的表哥。所以説明王很有可能就是江的表哥，也就是李的丈夫。這樣我們分析出了王與李是一對。

剩下的男性還有趙和楊，女性還有張和徐。第一句説了：趙結婚的時候張來送禮，説明趙不是和張結婚，所以趙和徐是夫妻。而張和楊是夫妻。

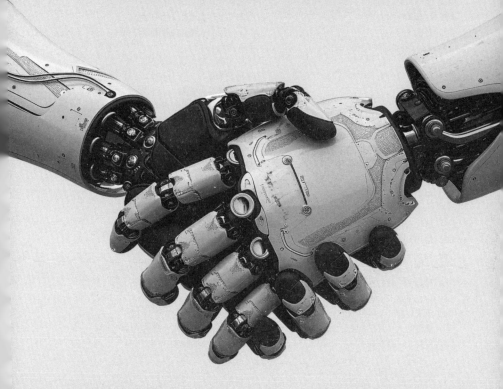

CHAPTER TWO | 世界 500 強 完整榜單

排名	公司名稱	排名	公司名稱
001	沃爾瑪	043	中國鐵道建築集團有限公司
002	沙特阿美公司	044	中國寶武鋼鐵集團有限公司
003	國家電網有限公司	045	三菱商事株式會社
004	亞馬遜	046	福特汽車公司
005	中國石油天然氣集團有限公司	047	梅賽德斯 - 賓士集團
006	中國石油化工集團有限公司	048	家得寶
007	埃克森美孚	049	中國銀行股份有限公司
008	蘋果公司	050	通用汽車公司
009	殼牌公司	051	Elevance Health 公司
010	聯合健康集團	052	京東集團股份有限公司
011	CVS Health 公司	053	摩根大通公司
012	托克集團	054	中國人壽保險（集團）公司
013	中國建築集團有限公司	055	法國電力公司
014	伯克希爾－哈撒韋公司	056	Equinor 公司
015	大眾公司	057	寶馬集團
016	Uniper 公司	058	克羅格
017	Alphabet 公司	059	義大利國家電力公司
018	麥克森公司	060	Centene 公司
019	豐田汽車公司	061	埃尼石油公司
020	道達爾能源公司	062	中國移動通信集團有限公司
021	嘉能可	063	中國交通建設集團有限公司
022	英國石油公司	064	威瑞森電信
023	雪佛龍	065	中國五礦集團有限公司
024	美源伯根公司	066	沃博聯
025	三星電子	067	安聯保險集團
026	開市客	068	阿裡巴巴集團控股有限公司
027	鴻海精密工業股份有限公司	069	廈門建發集團有限公司
028	中國工商銀行股份有限公司	070	本田汽車
029	中國建設銀行股份有限公司	071	巴西國家石油公司
030	微軟	072	山東能源集團有限公司
031	Stellantis 集團	073	意昂集團
032	中國農業銀行股份有限公司	074	中國華潤有限公司
033	中國平安保險（集團）股份有限公司	075	房利美
034	嘉德諾健康集團	076	國家能源投資集團有限責任公司
035	信諾集團	077	美國康卡斯特電信公司
036	馬拉松原油公司	078	美國電話電報公司
037	Phillips 66 公司	079	德國電信
038	中國中化控股有限責任公司	080	墨西哥石油公司
039	中國鐵路工程集團有限公司	081	Meta Platforms 公司
040	瓦萊羅能源公司	082	美國銀行
041	俄羅斯天然氣工業股份有限公司	083	中國南方電網有限責任公司
042	中國海洋石油集團有限公司	084	上海汽車集團股份有限公司

排名	公司名稱	排名	公司名稱
085	現代汽車	127	法國巴黎銀行
086	中國郵政集團有限公司	128	州立農業保險公司
087	中糧集團有限公司	129	Seven & I 控股公司
088	信實工業公司	130	匯豐銀行控股公司
089	Engie集團	131	中國第一汽車集團有限公司
090	塔吉特公司	132	中國電信集團有限公司
091	安盛	133	房地美
092	SK集團	134	法國農業信貸銀行
093	三井物產株式會社	135	百事公司
094	印度石油公司	136	浙江榮盛控股集團有限公司
095	廈門國貿控股集團有限公司	137	義大利忠利保險公司
096	日本伊藤忠商事株式會社	138	物產中大集團股份有限公司
097	戴爾科技公司	139	馬來西亞國家石油公司
098	ADM公司	140	索尼
099	花旗集團	141	印尼國家石油公司
100	中國中信集團有限公司	142	廈門象嶼集團有限公司
101	聯合包裹速遞服務公司	143	迪奧公司
102	輝瑞製藥有限公司	144	美國富國銀行
103	德國郵政敦豪集團	145	華特迪士尼公司
104	西班牙國家銀行	146	中國兵器工業集團有限公司
105	中國電力建設集團有限公司	147	騰訊控股有限公司
106	雀巢公司	148	日本郵政控股公司
107	印度人壽保險公司	149	康菲石油公司
108	美國勞氏公司	150	中國航空工業集團有限公司
109	日本電報電話公司	151	馬士基集團
110	泰國國家石油有限公司	152	特斯拉
111	華為投資控股有限公司	153	日立
112	強生	154	寶潔公司
113	中國醫藥集團有限公司	155	安賽樂米塔爾
114	聯邦快遞	156	樂購
115	中國遠洋海運集團有限公司	157	太平洋建設集團有限公司
116	哈門那公司	158	印度石油天然氣公司
117	博楓公司	159	美國郵政
118	博世集團	160	日產汽車
119	巴斯夫公司	161	交通銀行股份有限公司
120	中國人民保險集團股份有限公司	162	西門子
121	皇家阿霍德德爾海茲集團	163	晉能控股集團有限公司
122	引能仕控股株式會社	164	艾伯森公司
123	恆力集團有限公司	165	廣州汽車工業集團有限公司
124	正威國際集團有限公司	166	中國鋁業集團有限公司
125	家樂福	167	通用電氣公司
126	Energy Transfer公司	168	台積公司

169

排名	公司名稱	排名	公司名稱
169	陝西煤業化工集團有限責任公司	211	英特爾公司
170	慕尼黑再保險集團	212	比亞迪股份有限公司
171	江西銅業集團有限公司	213	惠普公司
172	山東魏橋創業集團有限公司	214	Alimentation Couche-Tard 公司
173	萬科企業股份有限公司	215	TD Synnex 公司
174	豐益國際	216	波蘭國營石油公司
175	招商局集團有限公司	217	聯想集團有限公司
176	豐田通商公司	218	松下控股公司
177	巴西 JBS 公司	219	空中客車公司
178	雷普索爾公司	220	埃森哲
179	招商銀行股份有限公司	221	日本出光興產株式會社
180	必和必拓集團	222	盛虹控股集團有限公司
181	日本生命保險公司	223	興業銀行股份有限公司
182	第一生命控股有限公司	224	國際商業機器公司
183	大都會人壽	225	浙江吉利控股集團有限公司
184	瑞士羅氏公司	226	HCA 醫療保健公司
185	高盛集團	227	保德信金融集團
186	西斯科公司	228	路易達孚集團
187	三菱日聯金融集團	229	河鋼集團有限公司
188	東風汽車集團有限公司	230	卡特彼勒
189	日本永旺集團	231	默沙東
190	丸紅株式會社	232	德國聯邦鐵路公司
191	中國保利集團有限公司	233	巴拉特石油公司
192	中國太平洋保險（集團）股份有限公司	234	World Kinect 公司
193	北京汽車集團有限公司	235	印度國家銀行
194	邦吉公司	236	日本制鐵集團公司
195	雷神技術公司	237	巴登 - 符滕堡州能源公司
196	起亞公司	238	美國紐約人壽保險公司
197	波音	239	Enterprise Products Partners 公司
198	StoneX 集團	240	艾伯維
199	洛克希德－馬丁	241	百威英博
200	摩根士丹利	242	東京電力公司
201	浦項制鐵控股公司	243	Plains GP Holdings 公司
202	萬喜集團	244	浙江恆逸集團有限公司
203	奧地利石油天然氣集團	245	陶氏公司
204	LG 電子	246	Iberdrola 公司
205	綠地控股集團股份有限公司	247	中國建材集團有限公司
206	碧桂園控股有限公司	248	美國國際集團
207	伊塔烏聯合銀行控股公司	249	Talanx 公司
208	法國興業銀行	250	俄羅斯聯邦儲蓄銀行
209	中國華能集團有限公司	251	巴西銀行
210	聯合利華	252	中國電子科技集團有限公司

排名	公司名稱
253	美國運通公司
254	力拓集團
255	大眾超級市場公司
256	中國能源建設集團有限公司
257	青山控股集團有限公司
258	南韓電力公司
259	KOC集團
260	上海浦東發展銀行股份有限公司
261	特許通訊公司
262	國家電力投資集團有限公司
263	聖戈班集團
264	戴姆勒卡車控股股份公司
265	拜耳集團
266	泰森食品
267	中國聯合網路通信股份有限公司
268	迪爾公司
269	陝西延長石油（集團）有限責任公司
270	加拿大皇家銀行
271	諾華公司
272	中國船舶集團有限公司
273	巴西布拉德斯科銀行
274	思科公司
275	美國全國保險公司
276	好事達
277	Cenovus Energy公司
278	美的集團股份有限公司
279	中國機械工業集團有限公司
280	達美航空
281	利安德巴塞爾工業公司
282	住友商事
283	鞍鋼集團有限公司
284	美國利寶互助保險集團
285	TJX公司
286	雷諾
287	前進保險公司
288	德國艾德卡公司
289	金川集團股份有限公司
290	東京海上日動火災保險公司
291	美國航空集團
292	寧德時代新能源科技股份有限公司
293	Energi Danmark集團
294	多倫多道明銀行
295	軟銀集團
296	韓華集團
297	荷蘭國際集團
298	CHS公司
299	賽諾菲
300	法國BPCE銀行集團
301	Raízen公司
302	沃達豐集團
303	電裝公司
304	Performance Food Group公司
305	HD現代公司
306	PBF Energy公司
307	沃爾沃集團
308	耐克公司
309	法國布伊格集團
310	浙江省交通投資集團有限公司
311	百思買
312	百時美施貴寶公司
313	蘇商建設集團有限公司
314	英格卡集團
315	採埃孚
316	瑞士再保險股份有限公司
317	EXOR集團
318	西班牙對外銀行
319	Orange公司
320	敬業集團有限公司
321	日本三井住友金融集團
322	GS加德士
323	中國華電集團有限公司
324	法國威立雅環境集團
325	巴克萊
326	聯合航空控股公司
327	森科能源公司
328	賽默飛世爾科技公司
329	中國民生銀行股份有限公司
330	蒂森克虜伯
331	阿斯利康
332	巴西淡水河谷公司
333	和碩
334	高通
335	伍爾沃斯集團
336	喬治威斯頓公司

排名	公司名稱	排名	公司名稱
337	印度塔塔汽車公司	379	通用動力
338	雅培公司	380	廣州市建築集團有限公司
339	KB金融集團	381	中國核工業集團有限公司
340	法國國營鐵路集團	382	日本鋼管工程式控制股份公司
341	中國兵器裝備集團公司	383	義大利聯合聖保羅銀行
342	安達保險公司	384	MS&AD保險集團控股有限公司
343	葛蘭素史克集團	385	中國太平保險集團有限責任公司
344	可口可樂公司	386	第一資本金融公司
345	廣達電腦公司	387	HF Sinclair公司
346	費森尤斯集團	388	菲尼克斯醫藥公司
347	瑞銀集團	389	蜀道投資集團有限責任公司
348	江蘇沙鋼集團有限公司	390	森寶利公司
349	美洲電信	391	深圳市投資控股有限公司
350	日本瑞穗金融集團	392	Nutrien公司
351	上海建工集團股份有限公司	393	Dollar General公司
352	甲骨文公司	394	麥格納國際
353	Rajesh Exports公司	395	怡和集團
354	德意志銀行	396	中國大唐集團有限公司
355	西班牙電話公司	397	哥倫比亞國家石油公司
356	中國中煤能源集團有限公司	398	X5零售集團
357	日本KDDI電信公司	399	加拿大鮑爾集團
358	蘇黎世保險集團	400	中國航天科工集團有限公司
359	山西焦煤集團有限責任公司	401	荷蘭GasTerra能源公司
360	小米集團	402	龍湖集團控股有限公司
361	紐柯	403	法國郵政
362	德國大陸集團	404	艾睿電子
363	新希望控股集團有限公司	405	西方石油公司
364	德迅集團	406	巴西聯邦儲蓄銀行
365	Enbridge公司	407	三菱電機股份有限公司
366	美國教師退休基金會	408	西北互助人壽保險公司
367	萊茵集團	409	Travelers公司
368	中國電子信息產業集團有限公司	410	首鋼集團有限公司
369	萬通互惠理財公司	411	杭州鋼鐵集團有限公司
370	歐萊雅	412	新疆中泰（集團）有限責任公司
371	LG化學公司	413	美國諾斯洛普格拉曼公司
372	現代摩比斯公司	414	廣州工業投資控股集團有限公司
373	紫金礦業集團股份有限公司	415	加拿大豐業銀行
374	南韓天然氣公司	416	赫伯羅特公司
375	日本明治安田生命保險公司	417	聯合服務汽車協會
376	新加坡奧蘭集團	418	大和房建
377	順豐控股股份有限公司	419	海爾智家股份有限公司
378	臺灣中油股份有限公司	420	仁寶電腦

排名	公司名稱	排名	公司名稱
421	施耐德電氣	463	緯創集團
422	Finatis公司	464	安徽海螺集團有限責任公司
423	ELO集團	465	北京建龍重工集團有限公司
424	西班牙能源集團	466	湖南鋼鐵集團有限公司
425	霍尼韋爾國際公司	467	美團
426	廣州醫藥集團有限公司	468	潞安化工集團有限公司
427	廣東省廣新控股集團有限公司	469	康帕斯集團
428	西班牙ACS集團	470	愛信
429	Vibra Energia公司	471	Canadian Natural Resources公司
430	英美資源集團	472	SAP公司
431	泰康保險集團股份有限公司	473	星巴克公司
432	陝西建工控股集團有限公司	474	麥德龍
433	蒙特利爾銀行	475	Molina Healthcare公司
434	中國中車集團有限公司	476	通威集團有限公司
435	Coop集團	477	Uber Technologies公司
436	銅陵有色金屬集團控股有限公司	478	新華人壽保險股份有限公司
437	SK海力士公司	479	立訊精密工業股份有限公司
438	上海醫藥集團股份有限公司	480	菲利普－莫裡斯國際公司
439	漢莎集團	481	CJ集團
440	山東高速集團有限公司	482	美敦力公司
441	鈴木汽車	483	中國航空油料集團有限公司
442	三菱化學集團	484	Netflix公司
443	3M公司	485	Migros集團
444	Inditex公司	486	NRG Energy公司
445	英美煙草集團	487	億滋國際
446	US Foods Holding公司	488	法國液化空氣集團
447	損保控股有限公司	489	丹納赫公司
448	Magnit公司	490	西門子能源
449	華納兄弟探索公司	491	賽富時
450	萊納公司	492	派拉蒙環球公司
451	上海德龍鋼鐵集團有限公司	493	成都興城投資集團有限公司
452	義大利郵政集團	494	普利司通
453	長江和記實業有限公司	495	廣西投資集團有限公司
454	Fomento Económico Mexicano公司	496	三星人壽保險
455	D.R. Horton公司	497	住友生命保險公司
456	捷普公司	498	CarMax公司
457	三星C&T公司	499	日本三菱重工業股份有限公司
458	Cheniere Energy公司	500	新疆廣匯實業投資（集團） 有限責任公司
459	CRH公司		
460	林德集團		
461	DSV公司		
462	博通公司		

資料截至：2023年

CHAPTER THREE | 500強員工都具備的10種能力

思維就像是一把量尺，時刻衡量著你的工作能力，反映你的工作效果。你的這些思維能力越強，那你就越能夠承擔重大的、複雜的、更有意義和更具價值的工作使命。一位世界500強企業的著名CEO曾經有過這樣的提醒：「人的平均智商為100，雖然足以為其開拓職場奠定基礎，但如果沒有思維能力的再提高，同樣無法系統和持久地成就其職場的成就。」

1. 邏輯思維能力——思考深度決定行動高度

邏輯思維能力是指合理、正確思考的能力，即對事物進行觀察、比較、分析、綜合、抽象、概括、判斷、推理的能力，採用科學的邏輯方法，準確而有條理地表達自己思維過程的能力。

一間著名企業曾經在一次企業招聘中對應聘者出過這樣一道面試題目：有3個天使和3個魔鬼一起過河，河裡就一條船，船一次只能帶兩個人，要將6人全帶過河。前提是：兩岸任何一邊，魔鬼不能多於天使。請問他們該怎麼過河？

該公司之所以要向面試者出這樣的題目，就是為了考查應聘者的邏輯思維能力。只有具備一定的邏輯思維能力，才能幫助公司果斷、堅定地處理各種事務，為公司的發展貢獻力量。假設你是一個應聘者，邏輯思維不夠敏捷，那麼遇到這樣的題目，你會頓時陷入混沌之中，因為理解錯誤或表述錯誤被公司所淘汰，白白喪失了進入一家著名企業的機會。

邏輯思維能力是人們進行正常思維所必須具備的能力，無論在工作還是日常生活中，要想把一件事做好，那麼就必須擁有優秀的邏輯思維能力。雖然每個正常人都具有進行邏輯思維的能力，但是水平卻存在很大的差異。在我們的周圍，只有很少一部分人才擁有極強的邏輯思維能力，絕大多數人的邏輯思維能力都相當平

庸。為什麼成功的人很少，而大多數人要麼失敗要麼平庸？這其中的原因跟邏輯思維能力不無關係。一個人要想成為企業的優秀員工，逐步走上成功者的道路，那麼就必須要具備出色的邏輯思維能力。

邏輯思維能力並非天生就有，要想具備出色的邏輯思維能力，很大程度上依靠後天的培養和鍛煉。邏輯思維能力就像人的肌肉一樣，越練越發達。培養和鍛煉邏輯思維能力的方法多種多樣，思維遊戲就是一種很好的方法，它能幫你在無意中鍛煉和加強自己的邏輯思維能力。這些思維遊戲中有很多本身就是「世界500強」企業的面試題目，它們往往充滿趣味性，引人入勝，在愉悅讀者心情之餘，還會使自己的邏輯思維能力得到提升，幫助讀者在職場和人生路上迅速地獲取成功，擁有一個美好的明天。

2. 推理力──透視全局的推理能力

推理力是優秀員工和成功人士必備的一種思維能力。它與觀察力、想像力以及創造力構成了智力的四個組成部分，是人類適應和改造自然的基本能力。

學習和具備良好的推理能力，可以幫忙我們正確進行思維，準確、有條理地表達思想；可以幫助我們運用語言，提高聽、説、讀、寫的能力；可以用來檢查和發現邏輯錯誤，辨別是非；還有利於我們掌握各種新知識，有助於將來從事各項工作。

有這樣一道面試題目：一條村有50個人，每人有一條狗。在這50條狗中有病狗（這種病不會傳染），於是人們就要找出病狗。每個人可以觀察其他的49條 狗，以判斷它們是否生病，只有自己的狗不能看。觀察後得到的結果不得交流，也不能通知病狗的主人。主人一旦推算出自己家的是病狗就要槍斃自己的狗，而且

每個人只有權利槍斃自己的狗，沒有權利打死其他人的狗。第一天、第二天都沒有槍響，到了第三天傳來一陣槍聲，問：有幾條病狗？如何推算得出？

上面這道面試題目，你知道答案嗎？千萬不要小看它，這道題目曾經是一家名企的面試題目。「世界500強」企業也很看重員工的推理力。邏輯推理能力是以敏銳的思考分析、快捷的反應迅速地掌握問題的核心，在最短時間內作出合理、正確的選擇。許多公司都要求職員具有較強的邏輯推理能力。一個員工具備優秀的推理力，在工作中就會冷靜、客觀、善於思考，能夠從不同的現象中推斷出正確的結論，從而順利地解決工作中遇到的各種難題。

邏輯推理是在把握了事物與事物之間的內在的必然聯繫的基礎上展開的，所以，養成從多角度認識事物的習慣，全面地認識事物的內部與外部之間、某事物同其他事物之間的多種多樣的聯繫，對邏輯推理能力的提高有著十分重要的意義。

發揮想像對邏輯推理能力的提高有很大的促進作用，我們不妨多豐富一下自己的知識，這樣對提高我們的推理力也會有很大的幫助，因為知識越豐富，推理力就越強。

很多人非常羨慕別人擁有極強的推理力，希望自己也能像福爾摩斯一樣。須知推理力也是要靠後天的培養和鍛煉的。推理力的強弱可以反映一個員工創造力的強弱，只有具備出色的推理力才能創造性地完成每一項工作，讓自己得到老闆和上司的認可和賞識，為自己的成功奠定基礎。

3. 分析力——從事物的內部認識事物

隨著時代與經濟的高速發展，現代企業在招聘員工的時候，越來越看重員工分析問題能力的高低。甚至在「世界500強」的一些公司中，更是把員工的分析力放在考查其業績的首位。

那麼，為什麼用人單位如此看重員工分析力的高低呢？這主要是因為公司在經營的過程中，在激烈的市場競爭中，不可能永遠一帆風順，總會遇到各式各樣的問題。如果這些問題不能及時地解決，就會影響到公司的發展。

著名的哲學家路德維格・維特根斯坦感慨地说：「從邏輯的角度來看，沒有任何事情是值得奇怪的。」的確，在工作中，以及生活中，一個看似很奇怪的事物，只要通過邏輯分析，都能找到合理的解釋。

在笛福的《魯賓遜漂流記》中講到：「魯賓遜為了探知樹上的果實能不能吃，便先查看鳥糞。若其中混有這種果實的種子，就表示那果實對鳥而言是無毒的。因此，他知道了如何區分能否食用的果實。」這就是巧妙應用分析力的例子。

再比如瓦特有一次看到暖瓶塞被頂開掉到地上了，他於是想：「暖瓶塞子為什麼會被衝開？是什麼把它衝開的？它究竟有多大的衝力？」帶著這些問題，進一步觀 察、分析，終於受此啟發，瓦特發明了世界上第一部蒸汽機。

通過這兩個實例，我們可以看出，邏輯分析事物，不但能解釋一些科學現象，還能夠推動社會、科技的進步。

其實，分析力我們每個人都有，它並不是一種特殊能力，其好壞在於每個人應用程度上的差異。

分析能力的高低是一個人潛力水平的體現。而分析能力不僅是先

天的，而且在很大程度上取決於後天的訓練，分析能力相差較大的人在解決問題時大相徑庭，一個是束手無策，而另一個是應對自如！

那麼，該如何培養、提升自己分析問題的能力呢？關於這個問題，愛迪生已經給了我們答案。他曾説過：「學會解決問題的前提是學會分析問題。思維遊戲就是提高分析力的一種極好的訓練方式，可以幫助遊戲者在潛移默化中掌握各種分析方法。」

4. 判斷力——把握事物做出正確決斷

判斷力，顧名思義，就是對事物屬性及事物之間的關係做出分析決斷的能力。

在「世界500強」企業中，判斷力是每一個成功職場中人必須具備的思維能力和質素，是決定成敗的關鍵因素。

奧姆在美國素有「營銷教父」之稱，然而他最成功之處並不在於他的説服力和推銷技巧，而在於他獨具慧眼——能發掘一般營銷人員無法看到的商機，這就是一種獨特的判斷能力。在奧姆還是一名保險公司的小推銷員時，有次他經過一間小公司，看到這個公司裡有很多人在跑來跑去地組裝個人電腦，辦公室的桌子上全是線路板和機箱。這間辦公室雖然簡陋，但在奧姆看來，這家公司充滿了生機和活力，具有無限的發展潛力。奧姆提出要見一見主管。有人把他帶到了一個20歲左右的年輕人面前。通過與這位年輕人詳談，奧姆預感到這個年輕人一定會有一番大作為，於是他説服了這位年輕人接受他們的保單。

以前奧姆服務的客戶都是大公司，而且奧姆所在的保險公司在政策上不接納僱員少於50人的公司作為投保對象，而這位年輕的領

袖僅有16個僱員。

奧姆回到公司後，經歷了重重挫折與失敗，最後不得不簽下軍令狀，才迫使公司放棄了原則，接納了這家小公司的保單。

果然，不到一年的時間，這家小公司就從一個只有16名員工的小作坊發展成了一家擁有500名員工的大企業！這家公司的老闆——那個20來歲的年輕人就是米高‧戴爾（Dell）。

5. 計算力——提高解決實際問題的能力

計算能力指迅速而準確的運算能力，它是每個員工應該具備的一項基本能 力。大部分職業都要求員工具備一定的計算能力，但不同的職業對員工計算能力的要求也不太一樣。擁有良好的計算力，可以幫助我們解決在學習和工作中碰到的各種實際問題，為我們贏得更多邁向成功的機遇。

美國一家電子公司某年的一道面試題目：「巴拿赫病故於1945年8月31日。他的出生年份恰好是他在世時某年年齡的平方，問：他是哪年出生？」這道看似很簡單的數學問題，你能不能很快地解答呢？這類面試題目實際上就是對應聘者計算能力的檢測。

有人或許會說，電子公司在公司的面試問題中，當然會考查應聘者的計算機和數學能力，如果選擇別的行業，那麼對計算能力的要求也就不那麼重要了，這雖然也有一定的道理，但據一位資深的人力資源部經理曾經說過：「之所以要測試員工的計算能力，是因為在工作中，各種計算、方程式、函數、數學圖表比比皆是，計算能力怎樣，將反映員工是否能夠勝任工作。」

如果你對數字規律和數學現象不夠敏感，解決問題時通常方法單一，缺乏靈活性，那麼你應該想方設法提高自己的計算能力了。

但是如果你有優秀的數學運算能力，在面對實際問題時，通常能夠輕而易舉地找到解決辦法。

6. 反應力──很多事情都壞在反應不夠快上

市場上的機會往往是稍縱即逝的，擁有快速的反應力可以使企業及時地把握機會，提高企業的工作效率，增強企業的競爭優勢。企業之間的競爭，從根本上說還是人才的競爭，人才是企業的生命之源，是一個企業最寶貴的財富。人才在今天已經成為一個企業生存與發展的決定性因素。人才的優劣直接關係到企業的成敗。

所謂「反應」，就是指人體受到外界刺激後，一個優秀的員工應該像一家企業那樣，具備出色的反應力。對問題分析縝密，判斷正確而且能夠迅速作出反應的人，在處理問題時會比較容易取得成功。尤其是在私營企業當中，面臨的情況複雜多變，公司幾乎每天都處在危機管理之中，員工只有搶先發現機遇，確切掌握時效，妥善應對各種局面，才能使自己在公司立於不敗之地。

有這樣一個故事：一位顧客在酒吧喝酒，他把杯中的酒喝完後，轉身向老闆問道：「老闆，你一星期能賣多少桶啤酒？」老闆很高興地說：「不多，不多，只有35桶。」

顧客認真地說：「我有一個好辦法，能使你每星期多賣一倍的啤酒。」老闆大喜，忙湊過來問道：「快告訴我，是什麼方法？」

顧客說：「很簡單，只要你將每個杯子裡的啤酒裝滿就行了。」顧客最後這句話一出，我們就明白了，原來他是看到老闆給自己倒的啤酒只有半杯，心懷不滿，故意在諷刺老闆呢！這名顧客如果不具備敏銳的反應力，那麼又怎能機智幽默地對老闆予以諷刺？

反應力是一個員工在工作中必須具備的質素之一，它能夠幫助員工正確、及時地處理工作中出現的不同問題，有效地解決矛盾進而為公司創造效益。一個員工如果對周圍發生的事習以為常，缺乏迅速的反應力，那麼他就不會取得進步，更不會成功。

培養和鍛煉自己的反應能力，可以從下面幾個方面入手：

1. 多看書，擴大知識面和思路。因為有的時候反應慢是因為對信息不了解，導致問題在大腦裡的思考時間過長。

2. 多和別人交談，多說話，試著有條理地講話，重要的是你說話時不要太慢，快速講話有助提高思維的敏捷度。

3. 運動。例如是打球，如果你反應慢的話，你就很難接到球，很難判斷球飛過來的落點。如果，你能經常練練這兩種球，保證提高你的反應能力。

思維遊戲是鍛煉人的反應力的一種很好的方法，這些思維遊戲可以帶領我們面臨許多我們從未經歷過的場面，要使自己的思維積極活動起來，最有效的辦法是把自己置身於問題之中。當有了問題和需要解決問題時，思維才能活動起來，思維能力才可能在解決問題的過程中發展起來。我們的大腦積極地思考，進而增強我們面對各種不同環境的反應力。如今，有無數的人都在通過玩思維遊戲鍛煉自己某一方面的能力，在這些遊戲中我們既可以獲得快樂，還可以使自己的思想得到啟發，反應力也會隨之提升。這種能力無論對我們以後的生活還是工作都會大有裨益。

7. 觀察力——不要只盯著事物的表面現象

如果沒有敏銳的觀察力，你能在習以為常的生活中發現商機嗎？如果沒有敏銳的觀察力，你能在激烈的競爭中成功不敗嗎？觀察

力是每一個「世界500強」企業員工必須具備的能力之一。世界500強企業都十分重視員工的觀察力，把有沒有敏銳的觀察力看成是能不能進入公司的基本能力和重要標準。只有具備敏銳的觀察力才可能在經濟快速發展的當今社會，洞悉一切，發現並把握機會，只有這樣才能獲取財富，奔向成功。

觀察力，簡單地說，就是看事情，也就是觀察事物的發展趨勢，關注事物的最新動態和未來的走勢，從而在商業活動中調整自己的戰略方針和贏戰部署，進行新一輪的戰略攻勢，並具體有效地制訂計劃和方案，以最新、最快的速度，搶占先機，贏取利益，從而擊垮對手，使自己處在不敗之地。

觀察力在日常生活中的影子隨處可見，並且往往會產生重要的影響。你每一天的生活和工作，都會隨時考驗你的觀察能力。有沒有敏銳的觀察力，往往是決定學習和工作成敗的關鍵因素。

有個外科名醫告訴學生：「當個外科醫生，需要兩項重要的能力：第一，不會反胃；第二，觀察力要強。」

接著，他伸出一根手指，放入一碟看來令人作嘔的液體中，然後張口舔舔手指。他要全班學生照著做，他們只好硬起頭皮照做一遍。

醫生頷首一笑，說：「各位，恭喜你們通過了第一關測驗。不幸的是，第二關你們都沒有通過，因為你們沒注意到我舔的手指頭，不是我探入碟中的那根手指。」

在日常工作和學習中，一個人是否與眾不同，是否技高一籌，這些往往會體現在觀察力上。一個擁有敏銳觀察力的人，肯定是一個有智慧的人。在日常生活和工作中具有敏銳的觀察力，往往會鶴立雞群，這種人絕非等閒之輩。在商業社會中，擁有敏銳觀察力的企業能以最快的速度洞察一切，通過獨到的眼光，敏銳的觀

察，捕捉生活中的有效信息，從而制定相應的有效措施，使自己搶占先機，擊敗對手，獲得商業上的勝利。

觀察力，作為世界500強企業員工的必備質素之一，對於員工方面，更是十分重要。曾經有一個世界500強的員工在面試的時候，就機智而準確地運用了自己的觀察力，使自己從眾多的應聘者中脫穎而出，成功地進入了自己夢寐以求的公司。

某大公司招聘人才，經過三輪淘汰，還剩下11個應聘者，最終將留用6個。因此，第四輪總裁親自面試。奇怪的是，面試考場出現12個考生。總裁問：「誰不是應聘的？」坐在最後一排的一個男子站起身：「先生，我第一輪就被淘汰了，但我都想參加一下面試。」在場的人都笑了，包括站在門口閑看的那個老頭子。總裁饒有興趣地問：「你第一關都過不了，來這兒有什麼意義呢？」男子說：「我掌握了很多財富，因此，我本人即是財富。」大家又一次笑得很開心，覺得此人要麼太狂妄，要麼就是腦子有毛病。男子說：「我只有一個本科學歷，一個中級職稱，但我有11年工作經驗，曾在18家公司任過職……」總裁打斷他：「你的學歷、職稱都不算高，工作11年倒是很不錯，但先後跳槽18家公司，太令人吃驚了，我不欣賞。」

男子說：「先生，我沒有跳槽，而是那18家公司先後倒閉了。」在場的人第三次笑了，一個考生說：「你真是倒霉蛋！」男子也笑了，「相反，我認為這就是我的財富！我不倒霉，我只有31歲。」這時，站在門口的老頭子走進來，給總裁倒茶。男子繼續說：「我很了解那18家公司，我曾與大伙努力挽救它們，雖然不成功，但我從它們的錯誤與失敗中學到許多東西；很多人只是追求成功的經驗，而我，更有經驗避免錯誤與失敗！」

男子離開座位，一邊轉身一邊說：「我深知，成功的經驗大抵相

似，很難模仿；而失敗的原因各有不同。與其用11年學習成功經驗，不如用同樣的時間研究錯誤與失敗；別人的成功經歷很難成為我們的財富，但別人的失敗過程卻是我們的財富！」男子就要出門了，忽然又回過頭，「這11年經歷的18家公司，培養、鍛煉了我對人、對事、對未來的敏銳洞察力，舉個小例子吧——真正的考官，不是您，而是這位倒茶的老人……」

全場11個考生嘩然，驚愕地盯著倒茶的老頭。那老頭笑了，「很好！你第一個被錄取了。」

如果沒有敏銳的觀察力，就憑這個員工的經驗、學歷和職稱，想進入大公司，毫無疑問，是非常困難的。但是他能在面試中轉敗為勝，依靠的不光是優秀的口才，精彩絕倫的表演，更為重要的是他善於觀察，敢於追求，勇於利用自己的優勢，積極主動地運用自己敏銳的觀察力，扭轉自己的失敗局面，打動考官，贏得成功。

在職場中，觀察力的重要性，是不言而喻的。關鍵的是你要具備敏銳的觀察力，使自己贏得夢想，獲取成功。

8. 想像力——想像有多遠，你就能走多遠

毫無疑問，想像力是任何企業走向成功的不可或缺的資源。想像力是催生商業創意的發動機。在現代競爭激烈的社會，每個企業都非常看重自身的創造力，每個企業都非常注重創新。而要做到創造與創新就必須具備豐富的想像力，因為想像力往往是跟創新密切相關的。

美國著名成功學家拿破侖・希爾曾講了這樣一件事來向世人說明想像力的重要性：桑德斯原是一個店員，一天，他在一家餐館用

餐，但當他和那些等待的人站在一起時，他突然閃現出「自助」這個念頭。在那一瞬間，「Piggly-Wiggly連鎖雜貨店」的計劃就成型了。而後來把它運用到雜貨店中，桑德斯就很快成了身價百萬的美國連鎖店大亨。通常，我們用「腳踏實地」來贊揚企業家的創業精神，但是，當我們巡視眾多企業家成功的軌跡時，卻驚異地發現，給他們帶來巨大財富的常常不是吃苦耐勞，而是想像力。

「為什麼坑渠蓋是圓的？」、「目前世界上有多少個鋼琴調音師？」、「你能為耳聾的人設計一個鬧鐘嗎？」、「你要如何移動富士山？」等。要在短短的幾分鐘內回答這類問題的確不容易，它成了應徵者最大的挑戰，或者夢魘。

知識雖然重要，但知識是有限的，而想像力則是無限的，它可以幫助我們擺脫現實的束縛，自由地暢游在世界中。史丹福大學的院長說過：「我們要培育的是具備T型思考的人才，也就是同時具備理性思考以及感性思考的人：直覺力、實驗性格以及同理心。」是的，理性讓我們有方向可循，感性可以讓我們在大方向之下開拓各種的可能。不論你從事什麼行業、什麼職務，想像力都將是必備的工作能力之一。

科幻小說鼻祖凡爾納說：「只要一個人能想像的，就有另一個人能將它付諸實現。」畢業生如果具有獨立思考能力、想像力和勇氣，往往更容易受到企業的青睞。不要讓自己的思考被各種的規則、公式，或是數據給框住了，創意通常發生在你最意想不到的地方。因為你的想像力，才有了差異性和獨特性。

只有擁有豐富的想像力，才可能在職場成為一個優秀的員工，從而走上成功的道路。

9. 記憶力——別讓細節影響你的效率

世界500強企業都十分重視員工的記憶能力，只有每個員工都具有高超有效的記憶力，這樣的團隊才會具有競爭力和生命力。而對於能躋身「世界500強」的企業來說，他們更明白過人的記憶力對他們的重大意義！

在當今社會，有沒有超強的、深刻的記憶力，決定一個人的成功與否，更決定一個企業的成敗。「世界500強」企業特別關注員工是否具有超強的記憶力是有道理的，因為這將是決定他們企業成敗和興衰的重要因素。

美國紐約的霍華德・貝格在1990年以1分鐘閱讀並理解25000字的速度，被載入《健力士世界紀錄大全》。他接受了一家雜誌的採訪和測試，採訪者給了他一本剛剛印刷完畢的《戴安娜傳》，這是本厚達320頁的書，僅僅花了5分鐘他便讀完了這本書。然後他接受提問，結果令人咋舌：10個問題中他竟準確無誤地答對9個。採訪者又拿出另一本近500頁的新小說《臥房》，他用12分鐘讀完並答對了10個問題。

俄羅斯棋手卡斯帕格夫具有超群的記憶力，他記下了1,800多人的通信地址和450多人的電話號碼，熟記了12,000個棋譜。

英國倫敦舉行的第四屆世界記憶力大賽，奧彬記住了2,000位數字中的1,140位，並用45分鐘默寫了出來。

記憶力＝競爭力。超強的記憶力是與他人競爭的最重要的一顆砝碼。同時，具有超強的記憶力也是讓你達成目標的快捷方式，可以讓你輕而易舉地獲得成功。

在現實生活中，有很多提高記憶力的方法。比如，有些兒童通過參加一些心算班、口算班等方式來提高自己的思維、記憶能力。但對於即將或者已經走入職場的成年人來說，報這種培訓班似乎

不太現實了。那麼，對於成年人來說，可以通過什麼途徑提高自己的思維、記憶力呢？答案還是一個字：玩。

玩，也就是玩遊戲。在遊戲娛樂中，開發自己的智力、提升自己的思維能力和記憶力。如今，這種通過玩遊戲來提升自己能力的方式，越來越受到人們的關注與青睞。玩遊戲不但能緩解外在工作中的壓力，還有利於工作能力的提高，何樂而不為呢？

10. 創造力——先導者獲利，跟風者被淘汰

「世界500強」企業都很看重員工的創造力，只有每個員工都具有創造力，這樣的團隊才會具有創造力。而對於能躋身世界500強的企業來說，他們更明白創造力對它們意味著什麼！

「好的開始，是成功的一半」，甚至可以說，如果你在起跑的時候就處於領先的位置，那很有可能你就會領先一路。這個論斷適用於人的發展，也適用於企業的發展！

了解「馬太效應」的人都知道，起步比別人高的人和企業，更容易進入到好上加好的良性循環，反之，則會走入壞上加壞的惡性循環。而決定起步的關鍵問題就在於創造力，一個具有創造力的團隊和企業，才能始終走在別人前面，才能擁有更好的起步！

事事領先一步，說起來容易，但做起來卻很難。領先別人一步，需要有「人無我有，人有我精」的精神，更要有前瞻性的眼光。

也就是說，世界500強的企業會要求自己的員工必須在能力或者其他方面有別人所沒有的東西，或者是一種堅韌的性格，也或者是寬廣的人際關係，只有這樣，你才能在人生的跑道上領先別人。要想超出眾人，出類拔萃，就必須有「絕招」，那就是在「稀奇」、「獨特」上下著手，見人所未見、為人所未為，才能出奇制

勝。

另外一點就是有前瞻性的眼光,能在別人沒有發現機會的時候發現機會,能在別人沒有看透的時候看透,這樣才能保證你的行動比別人快,才能處於領先的位置。所謂前瞻眼光和超前意識,體現在三個方面:一是在動態中準確地預見事物的發展趨勢;二是在靜態中,及時地預見事物發生的變化;三是在平常的工作、生活、學習以及友好往來中善於發現不顯眼的機會,並預見到它蘊涵的價值和意義,從而牢牢地抓住它,充分地發展自己。

創造力並不是一種天生的能力,是一種可以後天積累和培養的能力,所以 說,如果你暫時並不具備很高的創造力,沒關係,通過一些有趣的思維遊戲,可以開發自己潛藏的創造力!

如果你的起步比別人晚,從現在開始,每天都要付出大量努力,你要去思考如何能比別人捷足先登,也就是做前瞻性的思考,培養和樹立起超前意識,具備前瞻眼光。從現在開始,盡量以後的每一件事情都要比別人早一步,只有這樣,你才有機會跑贏別人。

看得喜 放不低

創出喜閱新思維

書名	戰勝 AI 大企業面試趨勢 全球 500 強所需人才
	Gain Offer or Game Over
ISBN	978-98876629-7-6
定價	HK$128
出版日期	2024 年 4 月
編著	文化社會編委會
版面設計	吳國雄
出版	文化會社有限公司
電郵	editor@culturecross.com
網址	www.culturecross.com
發行	聯合新零售（香港）有限公司
	地址：香港鰂魚涌英皇道 1065 號東達中心 1304-06 室
	電話：（852）2963 5300
	傳真：（852）2565 091

網上購買 請登入以下網址：

一本 My Book One

🌐 (www.mybookone.com.hk)

香港書城 Hong Kong Book City

🌐 (www.hkbookcity.com)